# 淡水鱼
## 标准化养殖
## 操作手册

**畜禽标准化生产流程管理丛书**

丛书主编　　印遇龙　武深树

主　　编　　王冬武　何志刚

编　　者　　邓时铭　高　峰　李金龙

　　　　　　邹　利　谢　敏　程小飞

湖南科学技术出版社

# 目　　录

**第一章　池塘大宗淡水鱼养殖现状与发展趋势** …………… （ 1 ）

第一节　大宗淡水鱼养殖现状 ……………………… （ 2 ）

第二节　大宗淡水鱼的消费特点与发展前景 ………… （18）

第三节　开展淡水鱼标准化养殖的对策和建议 ……… （23）

**第二章　池塘标准化改造与建设规范** ………………… （29）

第一节　养殖场地选址要求 ………………………… （29）

第二节　养殖场规划与建设 ………………………… （31）

第三节　水产健康养殖示范场的创建标准 …………… （44）

**第三章　淡水鱼亲本培育技术规范** …………………… （50）

第一节　养殖品种亲本选择标准 …………………… （50）

第二节　大宗淡水鱼新品种介绍 …………………… （53）

第三节　亲本培育操作技术 ………………………… （57）

**第四章　淡水鱼人工繁殖操作规范** …………………… （63）

第一节　人工繁殖设施建设规范 …………………… （63）

第二节　人工繁殖技术规范 ………………………… （67）

**第五章　淡水鱼类苗种培育技术规范** ………………… （81）

第一节　池塘条件与放养前准备 …………………… （81）

第二节　鱼苗放养操作技术 ………………………… （84）

第三节　鱼种培育操作技术 ………………………… （88）

第四节　大宗淡水鱼鱼苗、夏花及1龄鱼种质量鉴别 ……… （93）

第五节　淡水鱼鱼苗运输操作规范 ………………… （98）

**第六章　淡水鱼成鱼养殖操作技术** …………………… （103）

第一节　养殖模式的选择与经济指标 ……………… （103）

第二节　淡水鱼育成技术操作规范 ………………… （111）

第三节　成鱼活鱼运输技术规范 …………………… （116）

**第七章　淡水鱼营养需要与饲料投喂技术规范** ……… （119）

第一节　淡水鱼主要营养需求 ……………………………（119）

第二节　饲料品种选择 ……………………………………（131）

第三节　饲料的投喂技术 …………………………………（134）

第四节　配合饲料的品质规范 ……………………………（136）

**第八章　疾病防控的标准化操作技术** …………………（146）

第一节　养殖水体卫生消毒技术规范 ……………………（146）

第二节　鱼类免疫技术操作规范 …………………………（152）

第三节　鱼药使用规范 ……………………………………（156）

第四节　鱼类常见疾病种类 ………………………………（167）

第五节　疾病的诊断 ………………………………………（182）

# 第一章　池塘大宗淡水鱼养殖现状与发展趋势

　　我国大宗淡水鱼是满足国内的居民消费（包括港、澳、台地区），在我国主要农产品肉、鱼、蛋、奶中，水产品产量占约 1/3，而 2015 年大宗淡水鱼产量占全国水产品总量 6699.6 万吨的 31.4%，在市场水产品有效供给中起到了关键作用。大宗淡水鱼作为一种高蛋白、低脂肪、营养丰富的健康食品，是我国人民食物构成中主要蛋白质来源之一，发展大宗淡水鱼类养殖业增加了膳食结构中蛋白质的来源，为国民提供了优质、价廉、充足的蛋白质。

　　大宗淡水鱼对调整农业产业结构、扩大就业、增加农民收入、带动相关产业发展等方面发挥了重要作用。大宗淡水鱼类养殖业已从过去的农村副业转变成为农村经济的重要产业和农民增收的重要增长点。2015 年全国渔业产值为 11328.70 亿元，其中淡水养殖和水产种苗产值合计达到 5953.27 亿元，占到渔业产值的 52.5%。2015 年渔业从业人员有 2016.96 万人，其中约 70% 是从事水产养殖业。2015 年渔民人均纯收入达 15594 元，高出农民年人均纯收入近 5000 元。大宗淡水鱼养殖的发展还带动了水产苗种繁育、水产饲料、鱼药、养殖设施和水产品加工、储运物流等相关产业的发展，不仅形成了完整的产业链，也创造了大量的就业机会。

　　大宗淡水鱼养殖业在改善水域生态环境方面发挥了不可替代的作用。我国大宗淡水鱼类养殖是节粮型渔业的典范，因鱼的食性大部分是草食性和杂食性，甚至以藻类为食，食物链短，饲料效率高，是环境友好型渔业。另外，大宗淡水鱼多采用多品种混养的综合生态养殖模式，通过搭配鲢、鳙等以浮游生物为食的鱼类，来稳定生态群落，平衡生态区系。通过鲢、鳙的滤食作用，一方面可在不投喂人工饲料的情况下生产水产动物蛋白；另一方面可直接消耗水体中过剩的藻类，从而降低水体的氮、磷总含量，达到修复富营养化水体目的。

## 第一节　大宗淡水鱼养殖现状

联合国粮农组织（FAO）的数据显示，世界淡水鱼总产量由 1950 年的 151.37 万吨增至 2011 年的 4535.54 万吨，增长了 28.9 倍，年均增长 5.73％。其中，大宗淡水鱼总产量由 1950 年的 13.97 万吨，增至 2011 年的 1995.94 万吨，增长了 141.88 倍，年均增长率为 8.47％。相对淡水鱼整体，大宗淡水鱼的增产速度更快。

世界大宗淡水鱼产量的发展经历了四个发展阶段。第一个发展阶段是 1950～1957 年，这个时期的特点是产量连年大幅增产，由 13.97 万吨增至 67.55 万吨，增长了 3.8 倍，年均增长 25.25％。第二个发展阶段是 1957～1979 年，该时期世界大宗淡水鱼产量变化以调整波动为主，虽然总体保持增长势头，但增速放缓、波动加大，一些年份还出现负增长，在此期间，大宗淡水鱼产量由 65.80 万吨增至 106.93 万吨，增长了 62.52％。第三个发展阶段是从 1980～1996 年，该时期大宗淡水鱼产量增长再度加快，由 117.40 万吨增至 1017.45 万吨，增长了 7.67 倍。第四个发展阶段是 1997～2011 年，在此期间，大宗淡水鱼产量增速趋稳，由 1053.25 万吨增至 1995.94 万吨，增长了 89.5％。可以说，当前世界大宗淡水鱼产量由快速增长逐渐转为稳定增长。

在世界水产品贸易中，大宗淡水鱼等鲤科鱼类的进出口相对较少，而中国是贸易量较大的国家之一。据联合国商品贸易统计数据库统计，2012 年，世界鲤科鱼类进出口总量为 8.75 万吨，其中出口量为 4.64 万吨、进口量为 4.11 万吨，贸易额为 23434.49 万美元，其中出口额为 13487.97 万美元、进口额为 9946.52 万美元。根据出口额排名，前五位的出口国分别是中国、捷克、立陶宛、克罗地亚、匈牙利，出口额分别为 9957.12 万美元、2298.26 万美元、243.71 万美元、233.40 万美元、229.80 万美元。

大宗淡水鱼类，主要包括青鱼、草鱼、鲢鱼、鳙鱼、鲤鱼、鲫鱼、鳊鲂鱼 7 个品种。这 7 个品种是我国主要的水产养殖品种，其养殖产量占内陆养殖产量的较大比重，是我国食品安全的重要组成部分，也是主要的动物蛋白质来源之一，在我国人民的食物结构中占有重要的位置。据 2015 年统计资料显示，全国淡水养殖总产量 3062.3 万吨，而大宗淡水鱼产量达 2105.3 万吨，占全国淡水养殖总产量的 68.7％，其中，草、鲢、鳙、鲤、鲫鱼产量均在 290 万吨以上，分别居我国鱼类养殖品种的前五位。大宗淡水鱼类的主产省份，分别为湖北（307.6 万吨）、江苏（223.9 万吨）、湖南（207.2 万吨）、广东（176.5 万吨）、江西（163.0 万吨）、安徽（138.8 万吨）、山东（117.9 万吨）、四川（103.8 万吨）、广西（102.5 万吨）和河南（89.6 万吨）等省份，见图 1-1。

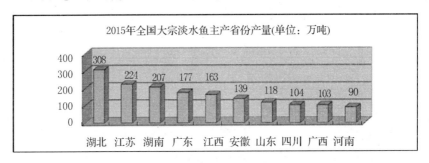

图 1-1　2015 年全国大宗淡水鱼主产省份产量

## 一、大宗淡水鱼养殖品种介绍及各省养殖情况

### (一) 草鱼

草鱼也称草鲩、混子、草青和草混，为典型的草食性鱼类。草鱼体长，略呈圆筒状，腹部圆，无腹棱。体呈茶黄色，背部青灰，腹部银白色。各鳍浅灰色。口呈弧形，无须；上颌略长于下颌。下咽齿二行，侧扁，呈梳状，齿侧具横沟纹。背鳍和臀鳍均无硬刺，背鳍和腹鳍相对。吻非常短，长度小于或者等于眼直径。眼眶后的长度超过一半的头长。栖息于平原地区的江河湖泊，一般喜居于水的中下层和近岸多水草区域。性活泼，游泳迅速，常成群觅食。在干流或湖泊的深水处越冬。生殖季节亲鱼有溯游习性。已移种到亚、欧、美、非洲的许多国家。因其生长迅速，饲料来源广，是中国淡水养殖的四大家鱼之一。草鱼具有河湖洄游的习性，性成熟的个体在江河、水库等流水中产卵，产卵后的亲鱼和幼鱼进入支流及通江湖泊中，通常在被水淹没的浅滩草地和泛水区域以及干支流附属水体（湖泊、小河、港道等水草丛生地带）摄食育肥。冬季则在干流或湖泊的深水处越冬。

草鱼性情活泼，游泳迅速，常成群觅食，性贪食，为典型的草食性鱼类。鱼苗时期以浮游生物为主，幼鱼兼食水生昆虫。体长 5 厘米以上的幼鱼，逐渐转变为草食性；体长 10 厘米左右，完全能适应摄食水生高等植物。成鱼以高等水生植物为食料，其喜食的水生植物有苦菜、大茨藻、轮叶黑藻、眼子菜、浮萍等，人工种植的苏丹草、黑麦草等也为草鱼所喜食。草鱼生长快，当年鱼达 0.5～1 千克，2 龄鱼可达 3～4 千克。其肉厚刺少，味鲜美，出肉率高，为我国著名"四大家鱼"之一。

2015 年全国草鱼养殖产量 567.6 万吨，年增产量 29.9 万吨，增幅 5.57％，是世界上产量最大的养殖鱼类。主要养殖区域在湖北、广东、湖南等省，见图 1-2。

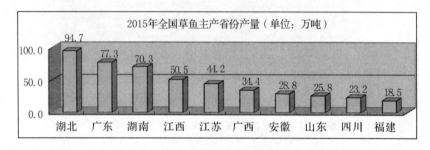

图 1-2　2015 年全国草鱼主产省份产量

## （二）青鱼

青鱼属于鲤形目、鲤科、青鱼属。也称螺蛳青、黑鲩，为底层鱼类。青鱼体长，略呈圆筒形，腹部圆，无腹棱。头顶部宽平，尾部稍侧扁。口端位，呈弧形；上颌稍长于下颌，向后伸达眼前下方。鳃耙短小，乳突状。咽齿一行，4(5)/5(4)，左右一般不对称，齿面宽大，臼状。背鳍和臀鳍无硬刺，背鳍与腹鳍相对。体背及体侧上半部青黑色，腹部灰白色，各鳍均呈灰黑色。喜在水体中下层活动，以螺蛳、蚌、蚬、蛤等为食，亦捕食虾和昆虫幼虫，经驯化可摄食人工配合饲料。性成熟为 5～6 龄。5～8 月在江河干流流速较高的场所繁殖，繁殖后常集中于食物丰富的江河湾道及通江湖泊中肥育，在深水处越冬。行动有力，不易捕捉。耗氧状况与草鱼接近，水中溶氧量低于 1.6 毫克/升时呼吸受到抑制，低至 0.6 毫克/升时开始窒息死亡。在 0.5～40 ℃水温范围内都能存活。

生长的最适温度为 22～28 ℃。喜微碱性清瘦水质。主要摄食螺、蚬、幼蚌等贝类，兼食少量水生昆虫和节肢动物。日摄食量通常为体重的 40％左右，环境条件适宜时可达 60％～70％。仔鱼体长 7～9 毫米时进入混合性营养期，此时一面继续利用自身的卵黄，一面开始摄食轮虫和无节幼虫；10～12 毫米时，摄食枝角类、桡足类和摇蚊幼虫；体长达 30

毫米左右时食性渐渐分化，开始摄食小螺类。

　　青鱼个体大，肉质肥美，营养丰富，广受市场青睐，为较高档淡水鱼。是我国著名"四大家鱼"之一。2015年全国青鱼养殖产量59.6万吨，年增产量3.87万吨，增幅6.96％。主要养殖区域在湖北、江苏和湖南等省，见图1-3。

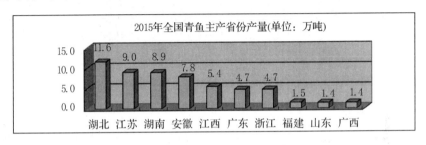

**图1-3　2015年全国青鱼主产省份产量**

### （三）鲢鱼

　　鲢鱼也称白鲢、鲢子。体银白色，体形侧扁，纺锤形，背部青灰色，两侧及腹部白色，各鳍浅灰色。栖息于大型河流或湖泊的上层水域，性急躁，惊动时喜欢跳跃。鲢鱼幼体主食轮虫、枝角类和桡足类等浮游动物，成体则滤食硅藻类、绿藻等浮游植物兼食浮游动物，可用于降低湖泊水库富营养化。鲢鱼属中上层鱼。春夏秋三季，绝大多数时间在水域的中上层游动觅食，冬季则潜至深水越冬。鲢鱼属于典型的滤食性鱼类。靠鳃滤取水中的浮游生物。主要食物：鲢鱼终生以浮游生物为食，在鱼苗阶段主要摄食浮游动物，长达1.5厘米以上时逐渐转为摄食浮游植物。鲢鱼的饵食有明显的季节性。春秋除浮游生物外，还大量地摄食腐屑类饵料；夏季水位越低，其摄食量越大；冬季越冬少吃少动。适宜在肥水中养殖。肠管长度约为体长的6～10倍。生长速度快、产量高。

　　鲢鱼的性成熟为4龄。成熟个体也较小，一般3千克以上的雌鱼便可达到成熟。5千克左右的雌鱼相对怀卵量4万～5万粒/千克体重，每年4～5月产卵，绝对怀卵量20万～25万粒。卵漂浮性。产卵期与草鱼相近。在池养条件下，如果饵料充足的话，当年鱼可长到500～800克，三龄鱼体重可达3～4千克，在天然河流中可重达30～40千克。

　　鲢生长快、病害少、产量高，饵料问题易解决。其肉质细嫩，营养丰富，为淡水鱼优良养殖品种。广泛分布全国各大水系。为我国著名"四大家鱼"之一。2015年全国鲢鱼养殖产量为435.4万吨，年增产量

12.9 万吨，增幅 3.04%，是第二大养殖鱼类，主要养殖区域在湖北、江苏和湖南等省，见图 1-4。

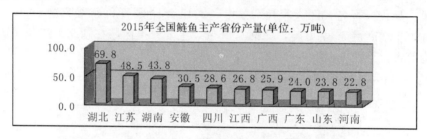

图 1-4　2015 年全国鲢鱼主产省份产量

### （四）鳙鱼

鳙鱼也称花鲢、黑鲢和胖头鱼。鳙鱼体长、侧扁，从腹鳍至肛门间有腹棱。头特别大，前部宽阔。体背部及体侧上半部为灰黑色，间有浅黄色，腹部银白色，体侧有密密麻麻的黑色小斑点，故又称麻鲢。各鳍均呈青灰色。鳙鱼栖息于水体中上层，性情温顺，不善跳跃，耐低氧能力强，最适生长水温为 22～34 ℃，喜微碱性水质。以浮游动物为主食，人工饲养条件下以配合饲料为主食。一般雌鳙 5 龄性成熟，在自然水域环境条件下，鳙的繁殖行为与青鱼、草鱼、鲢鱼基本一致。鳙鱼生长速度快，抗病能力强，起捕率高。其肉质细嫩，营养丰富，"鳙鱼头"尤其受市场欢迎，为优良的淡水鱼养殖品种。为我国著名"四大家鱼"之一。

2015 年全国鳙鱼养殖产量为 335.9 万吨，年增产量 15.7 万吨，增幅 4.89%，是第三大养殖鱼类，主要养殖区域在湖北、广东和江西等省，见图 1-5。

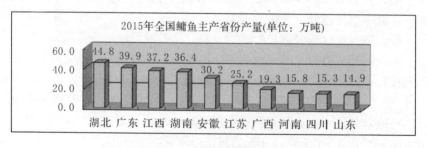

图 1-5　2015 年全国鳙鱼主产省份产量

**（五）鲤鱼**

鲤鱼也称鲤拐子。杂食性，成鱼喜食螺、蚌、蚬等软体动物，仔鲤摄食轮虫、枝角类等浮游生物。身体侧扁而腹部圆，口呈马蹄形，须2对。背鳍基部较长，背鳍和臀鳍均有一根粗壮带锯齿的硬棘。体侧金黄色，尾鳍下叶橙红色。鲤鱼平时多栖息于江河、湖泊、水库、池沼等水草丛生的水体底层，以食底栖动物为主。其适应性强，耐寒、耐碱、耐缺氧。在流水或静水中均能产卵，产卵场所多在水草丛中，卵黏附于水草上发育。鲤鱼是淡水鱼类中品种最多、分布最广、养殖历史最悠久、产量最高者之一。鲤鱼也是我国育成新品种最多的鱼类，如丰鲤、荷元鲤、建鲤、松浦镜鲤、湘云鲤、松荷鲤和芙蓉鲤等。

2015年全国鲤鱼养殖产量为335.8万吨，年增产量18.6万吨，增幅5.85%，主要养殖区域在山东、辽宁和河南等省，见图1-6。

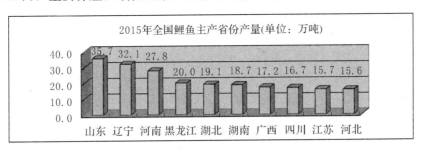

**图1-6　2015年全国鲤鱼主产省份产量**

**（六）鲫鱼**

鲫鱼也称鲫瓜子、鲫拐子、鲫壳子，为我国重要食用鱼类之一。鲫鱼是鱼中上品，生息在池塘、湖泊、河流等淡水水域。体长15～20厘米，呈流线形（也叫梭形），体高而侧扁，前半部弧形，背部轮廓隆起，尾柄宽；腹部圆形，无肉棱。头短小，吻钝。无须。鳃耙长，鳃丝细长。下咽齿一行，扁片形，鳞片大，侧线微弯。背鳍长，外缘较平直。鳃耙细长，呈针状，排列紧密。背鳍、臀鳍第3根硬棘较强，后缘有锯齿。胸鳍末端可达腹鳍起点。尾鳍深叉形，体背银灰色而略带黄色光泽，腹部银白而略带黄色，各鳍灰白色。根据生长水域不同，体色深浅有差异。鲫鱼属底层鱼类，适应性很强。鲫鱼为杂食性鱼，主食植物性食物，鱼苗期食浮游生物及底栖动物。鲫鱼一般2冬龄成熟，属于中小型鱼类。生长较慢，一般在250克以下，大的可达1250克左右。经过人工选育并在生产上广泛推广应用的有异育银鲫、芙蓉鲤鲫和彭泽鲫等品种。

2015年全国鲫鱼养殖产量为291.2万吨，年增产量14.4万吨，增幅5.22%。主要养殖区域在江苏、湖北和江西等省，见图1-7。

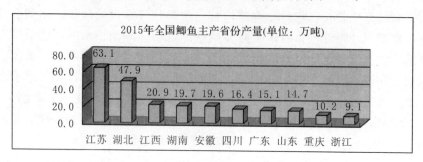

图1-7　2015年全国鲫鱼主产省份产量

### （七）团头鲂

团头鲂也称武昌鱼。体高而侧扁，头较小，头后背部急剧隆起。眶上骨小而薄，呈三角形。口小，前位，口裂广弧形。上下颌角质不发达。背鳍起点处为身体最高处，从腹鳍到肛门间有腹棱。背侧暗灰色，腹部灰白色，体侧每个鳞片基部灰黑，组成若干黑条纹，各鳍浅灰色。团头鲂体背部青灰色，两侧银灰色，腹部银白；体侧鳞片基部灰白色，边缘灰黑色，形成灰白相间的条纹。背鳍具硬刺，刺短于头长；胸鳍较短，达到或仅达腹鳍基部，雄鱼第一根胸鳍条肥厚，略呈波浪形弯曲；臀鳍基部长，具27～32枚分枝鳍条。腹棱不完全，尾柄短而高。鳔3室，中室最大，后室小。

多见于江河、湖泊中，一般喜栖息于有沉水植物敞水区域的中下层，性情温顺，易起捕。幼鱼以浮游动物为食，鱼种及成鱼多以苦草、轮叶黑藻、眼子菜等为食，也食软体动物及湖底植物的碎屑、丝状绿藻、淡水海绵等。在水草较丰茂的条件下，团头鲂生长较快，一般1冬龄体重为100～200克，两冬龄能长到300～500克。团头鲂2～3龄可达性成熟，繁殖季节比鲤、鲫鱼稍迟，比家鱼稍早。长江中下游地区多在4月底至6月初，即水温在20～29℃的时节为产卵期。在湖泊中，于水生植物繁盛的场所产卵，受精卵具黏性，附在水草或其他物体上发育。

团头鲂肉质嫩滑，味道鲜美，是我国主要淡水养殖鱼类之一。2015年全国鳊鲂鱼养殖产量为79.7万吨，年增产量1.4万吨，增幅1.76%。主要养殖区域在湖北、江苏和安徽等省。

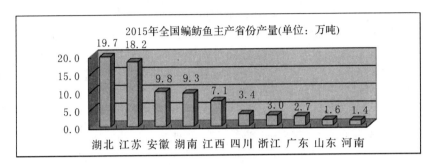

图 1-8　2015 年全国鳊鲂鱼主产省份产量

## 二、大宗淡水鱼产业的重要作用与研究进展

### (一) 大宗淡水鱼产业的重要作用

青鱼、草鱼、鲢、鳙、鲤、鲫、鲂是我国主要的大宗淡水鱼类养殖品种，也是淡水养殖产量主体，产业地位十分重要。

第一，七大养殖品种的产量均占内陆养殖产量的较大比重，对满足城乡居民消费需求发挥着非常重要的作用。在我国主要农产品肉、鱼、蛋、奶中，水产品产量占到 31%，而大宗淡水鱼产量占我国鱼产量的 50%，在市场水产品有效供给中起到了关键作用。

第二，大宗淡水鱼满足了人民摄取水产动物蛋白的需要，提高人民的营养水平。大宗淡水鱼绝大部分是满足国内的居民消费（包括港、澳、台地区），是我国居民食物构成中主要蛋白质来源之一，在居民的食物构成中占有重要地位。发展大宗淡水鱼类养殖业，对提高居民生活水平，改善人们的食物构成，提高身体素质等方面发挥积极作用。

第三，大宗淡水鱼类养殖业已从过去的农村副业转变成为农村经济的重要产业和农民增收的重要增长点，对调整农业产业结构、扩大就业、增加农民收入和带动相关产业发展等方面发挥了重要作用。大宗淡水鱼养殖的发展，带动了水产苗种繁育、水产饲料、鱼药、养殖设施和水产品加工、储运物流等相关产业的发展，不仅形成了完整的产业链，也创造了大量的就业机会。

第四，大宗淡水鱼养殖业在提供丰富食物蛋白的同时，又在改善水域生态环境方面发挥了不可替代的作用。我国大宗淡水鱼类养殖是节粮型渔业的典范，因其食性大部分是草食性和杂食性鱼类，甚至以藻类为食，食物链短，饲料效率高，是环境友好型渔业。

第五，大宗淡水鱼多采用多品种混养的综合生态养殖模式，通过搭配鲢、鳙鱼等以浮游生物为食的鱼类，来稳定生态群落，平衡生态区系。通过鲢、鳙鱼的滤食作用，一方面可在不投喂人工饲料的情况下生产水产动物蛋白；另一方面可直接消耗水体中过剩的藻类，从而降低水体的氮、磷总含量，达到修复富营养化水体的目的。

## （二）淡水鱼研究进展

我国大宗淡水鱼养殖历史悠久，始于殷而盛于周，距今已有3200多年。公元前5世纪，范蠡写出《养鱼经》，是我国最古老的养鱼书籍，也是世界上最早的养鱼文献之一。到秦汉时期，开始稻田养鱼和大水面养鱼。唐代，大宗淡水鱼由单养转为多种鱼混养。宋代和明代，大宗淡水鱼由粗养进步为精养。清朝，对大宗淡水鱼鱼苗的生产、分类及运输，都做了详细记述，并发展了养鱼与种桑养蚕结合的综合种养。从1950年以来，国家通过建立大宗淡水鱼养殖场等措施，使养鱼地区的产量迅速提高，1957年达到56.5万吨，特别在1958年后大宗淡水鱼人工繁殖获得成功，使大宗淡水鱼池塘养殖模式迅速推广。1978年后，随着农村经济体制改革的实行，大宗淡水鱼养殖蓬勃发展，产量连年增长。以下介绍最近十年我国大宗淡水鱼研究进展情况。

1. 育种与繁育技术

（1）鲢鱼新品种培育研究取得重要进展

鲢鱼在我国淡水养殖中占有重要地位，目前，我国广泛养殖的鲢鱼均为野生种的直接利用，还没有培育出人工选育的良种。我国鱼类育种科学家，采用极体雌核发育方法，经连续2代异源雌核发育、2代群体选育，经过23年持续选育培育出的我国第一个"四大家鱼"新品种——长丰鲢，于2010年12月7日通过全国水产原种和良种审定委员会的审定。该良种具有生长速度快，产量高的优点，兼有背高体厚、遗传纯度高的特点，推广应用前景十分广阔。

（2）成功培育出鲤鱼新品种

松浦镜鲤新品种于2009年2月25日通过了全国水产原种和良种审定委员会审定。松浦镜鲤具有头小、体高、鳞片少、生长快、繁殖力高、适应性较强等特点，目前在全国推广累计养殖面积6万多公顷，新增产值4.57亿元。

2010年12月7日，鲤鱼新品种福瑞鲤通过了全国水产原种和良种审定委员会良种审定。福瑞鲤的选育基础群体为通过群体选育得到的建鲤和黄河鲤，主要采用基于数量遗传学分析的家系选育方法。福瑞鲤具有生长快、体形好、饵料系数低等优良特性，体形为消费者喜爱的长体形，累计推广面积达 1333 余公顷，适合池塘、网箱养殖方式。

（3）鲫鱼新品种推广效益显著

中科 3 号是中国科学院水生生物研究所从筛选出的少数银鲫优良个体，经异精雌核发育增殖、多代生长对比、养殖试验评价培育出来的异育银鲫第三代新品种，于 2008 年获全国水产原种和良种审定委员会颁发的水产新品种证书，品种登记号为 GS01 - 002 - 2007。中科 3 号具有以下优点：体色银黑、鳞片紧密不易掉鳞，生长速度快，出肉率高，遗传性状稳定，子代性状与亲代不分离。中科 3 号已在江苏、湖北、广东和广西等省建立良种扩繁和苗种生产基地，其苗种已在多个省市推广养殖，年增产值达 10 多亿元。

2. 养殖与工程设施技术

（1）池塘循环水生态养殖模式技术

研究了水上农业、水生植物化感控藻、固定化微生物、底质改良等技术，将一系列技术进行集成、组装，形成一整套针对池塘大宗淡水鱼类养殖水质净化技术，达到池塘养殖水体循环利用，达到养殖废水零排放的目的。第一，实施淡水鱼类精养池塘的水质净化技术，跟踪分析大宗淡水鱼精养池塘在养殖过程中各环节的水质状况，通过对新型生态健康养殖模式水质净化技术的效果分析，进行全循环封闭式养殖模式研究技术统计；第二，研究生物浮床对池塘水质修复效果，重点开展空心菜浮床在大规格鱼种养殖池塘和成鱼精养池塘的应用研究，对生物浮床的池塘水质修复效果进行客观评价；第三，利用池埂构建一组四级串联的沟渠式潜流湿地系统，利用人工湿地的净化功能调控养殖池塘水质，实现水资源循环利用，建立了池塘活水养殖模式。

（2）池塘养殖新设备研发

第一，研制了一套 2 吨/天级别的"料仓式饲料集中投喂设备"，该系统具有电脑远程控制、投饲量精确、投喂过程自动记录保存等特点，并可与传感系统、视觉系统连接，实现池塘养殖精准、科学投喂；第二，开展"基于视频监控的池塘饲养管理系统"试验研究，设计安装"智能增氧、精准投喂"系统，取得良好应用效果；第三，设计一种池塘底质调控设备——底质扰动设备和一种池塘水质调控设备——复合生物浮床，实现池塘养殖环境调控，提高池塘养殖效率。

### 3. 病害防控技术

我国淡水鱼类病害呈现疾病种类多、发病面积广、延续时间长、死亡率高、控制难度大等特点，每年我国大宗淡水鱼类病害损失高达 40 亿元。近年来，我国大宗淡水鱼类疾病防控研究快速发展，基本弄清了大部分寄生虫的分类及生活史，提出了有效的防控方法；针对细菌性败血症、烂鳃病、赤皮病及肠炎等细菌性疾病，查明了病原，建立了诊断方法及防控措施；草鱼出血病等病毒性疾病免疫防控技术进一步成熟，达到产业化水平；药物、疫苗、诊断试剂、微生态制剂等疾病防控产业化进展良好，为大宗淡水鱼类病害防控提供物质保障。

（1）病原检测与病害诊断技术

水产动物病原快速诊断检测技术目前比较流行和受认可的是 IFAT、ELISA、PCR 和 DNA 探针技术。近年来，我国对草鱼呼肠病毒、鲤春病毒血症病毒、锦鲤疱疹病毒、嗜水气单胞菌、温和气单胞菌、爱德华菌等大宗淡水鱼类病原的快速检测技术进行了较深入的研究，建立了草鱼呼肠病毒、锦鲤疱疹病毒、嗜水气单胞菌、爱德华菌的 PCR 等快速检测技术，研制了嗜水气单胞菌等的检测试剂盒。

（2）药物防控技术

近年来，我国在水产动物药代动力学研究上开端良好，建立了磺胺类、氟喹诺酮类等鱼药药物代谢动力学模型，获得其主要药物动力学参数和影响因子，制定了相应的休药期，并对鱼药剂型的研究初步探讨；对甲苯咪唑和氟苯尼考等药物在淡水鱼体内的药代动力学进行研究，建立了残留的检测方法，制定最高药物残留限量标准及其休药期，提出药物合理使用方法。

（3）免疫防控技术

作为符合环境友好和可持续发展战略的病害防控措施，免疫防控已成为淡水鱼疾病防控研究与开发的主要方向。淡水鱼疫苗研究近年来取得较大进展，主要表现在：第一，研制我国第一个淡水鱼高效弱毒疫苗——草鱼出血病冻干细胞弱毒疫苗，该疫苗通过药物诱导筛选得到草鱼出血病病毒的弱毒株，失去致病性保留感染特性，具有免疫原性强、免疫效果好、免疫保护期长等优点，并于 2010 年获得"国家兽药证书"；第二，研发我国首批多联疫苗，研制了与草鱼出血病冻干细胞弱毒疫苗联用的草鱼细菌性烂鳃、赤皮、肠炎三联灭活疫苗；第三，针对引起大面积死亡的淡水鱼类败血症，研发出嗜水气单胞菌灭活疫苗，于 2000 年获得"国家新兽药证书"。

4. 饲料营养与投喂技术

国内仍然全面地关注整个养殖周期中不同生长阶段的主要养殖动物的营养需求,包括主要的淡水养殖动物和海水养殖动物,包括宏观营养素和微观营养素等。由于我国的水产饲料需求巨大,造成我国的鱼粉等饲料原料资源缺口也较大,因此对于鱼粉和鱼油等优质原料替代源的寻找已成为我国产业技术研发的热点,主要评估了植物蛋白源、水解蛋白、单细胞蛋白、微藻资源、植物油脂等原料替代源在养殖动物中的效果。在消费者对水产品品质的要求和养殖动物自身的需求下,人们越来越关注水产动物的健康问题,研究人员从不同方面评价了营养素的摄入、环境的变化、投喂策略的改变等对动物健康的影响,也评估了不同条件下养殖动物的肠道健康问题。随着鱼类营养学的发展和深入,国内关于营养代谢机制方面的研究不断增多,主要研究了营养素的摄入和水产动物体内营养物质消化、吸收、转运、合成和分解等代谢过程中的关系。由于可以显著地提高养殖效益,水产养殖企业和个人对于科学、合理的投喂技术仍然有非常大的需求,目前国内学者在投喂频率影响营养物质的同步吸收、投喂节律、最适投喂频率、最佳投喂量、补偿生长等投喂技术方面的研究较多。

5. 加工技术

近年来,我国淡水鱼加工关键技术和装备水平取得了明显提升,产业规模开始扩大,建立了一批科技创新基地和产业化示范生产线,储备了一批具有前瞻性和产业需求的关键技术。针对淡水鱼加工增值的关键技术难题,在国家、省部、地市等各级科研计划支持下,全国有关水产品加工研究的高校、科研院所在淡水鱼加工技术方面开展了大量的研究,并取得了较大的进展。

(1) 鱼糜加工技术

第一,开发了淡水鱼糜生物发酵技术。结合现代食品与生物发酵技术,对发酵鱼糜的优良微生物菌种、发酵工艺参数优化、产品品质特性等方面进行了大量的研究,对于鱼糜在发酵条件下引发的鱼糜凝胶强度增加和凝胶形成的机制进行了深入的研究,从发酵产酸和酶活性变化两方面揭示了发酵鱼糜凝胶形成机制。建立了淡水鱼糜生物发酵工艺与技术,开发了一种具有良好风味和感官品质的淡水发酵鱼糜。该产品具有鱼糜凝胶强度大、无腥味、可适合室温保藏的优势,且营养价值高、易于消化吸收；解决了大宗淡水鱼存在的鱼刺多、难以加工、土腥味大、淡水鱼糜凝胶强度差以及需要冷藏的难题，开发前景广阔。

第二，高凝胶强度的鱼糜制品及其生产技术。建立了利用生物酶法交联、专用多糖凝胶增强作用及猪血浆蛋白凝胶增强技术，研发了通过超高压技术抑制鱼肉中肌原纤维结合型丝氨酸蛋白酶和脂肪氧合酶活性、改善鱼糜凝胶特性和抑制腥味的技术；开发了基于乳酸钠、柠檬酸钠复配的冷冻鱼糜无磷保水剂和系列高凝胶强度的鱼糜制品生产技术。

第三，鱼肉复合凝胶制品加工技术。在研究鱼肉和猪肉凝胶的差异及其机制的基础上，建立了鱼肉猪肉复合凝胶制品生产技术；研究了不同鱼种鱼糜混合对凝胶特性的影响，建立了淡水鱼糜混合凝胶制品生产技术。

第四，常温即食鱼糜制品加工技术。以淡水鱼糜为原料，利用重组配方、杀菌等技术开发了多种口味、多种风味、多种形式的具有较长保质期的即食风味鱼豆腐食品。

第五，鱼肉面制品加工技术。研究了产品配方、成型工艺、干燥方式等对鱼面品质的影响，建立了鱼面品质改良技术，开发了幼儿营养鱼面等产品。利用重组、速冻、品质改良等技术开发了速冻生鲜鱼肉包子等。

（2）淡水鱼方便熟食类、休闲产品加工技术

第一，针对传统热杀菌过程中鱼肉质构软烂的难题，通过控制水分活度、鱼块大小和杀菌工艺建立了最小加工强度杀菌技术，以鲢、鳙、草鱼、鲤鱼等淡水鱼为原料，研究了淡水鱼腌制、脱水、熏制、真空浸渍调味等技术，应用最小强度杀菌技术开发了具有长货架期的糖醋鱼、熏鱼、豆豉鱼、冷熏风味鱼等即食软包装产品和酸菜鱼、水煮鱼片等菜肴式快餐食品；建立了鱼菜肴食品的工业化生产技术，利用罐藏技术实现了传统鱼菜肴食品的常温保藏。

第二，以大宗淡水鱼类及水产加工副产物等为原料，研究了现代食品加工中的保鲜技术、干燥技术、保脆技术、保藏技术及包装技术的集成应用，开发了鱼肉粒、香酥鱼片、风味烤鱼片、休闲鱼酥、香酥鲫鱼等系列风味休闲水产品。

（3）淡水鱼贮运保鲜技术

第一，淡水鱼生物保鲜技术。研究了天然提取物、鱼体自身酶解产物对鱼片、鱼体、鱼糜贮藏过程中品质变化的影响，以鱼鳞、鱼皮、鱼

肉为原料，利用生物酶解技术开发了具有特定功能的鱼体自身生物保鲜剂，建立了利用鱼体自身酶解产物对鱼片的涂膜保鲜技术和对鱼糜的品质控制技术；研究了葡萄籽和丁香提取物及壳聚糖等各类保鲜剂对生鲜和调理草鱼、鲢鱼片产品品质特性的影响，建立了基于天然提取物的鱼片生物保鲜技术和壳聚糖涂膜保鲜技术。

第二，研究了调理加工方式、保鲜条件、冷冻方式等对鳙鱼头、鱼片品质的影响，建立了适宜各类产品的贮藏流通条件和保鲜技术，提出了可增加鱼肉持水力、延长货架期、改善风味的冷冻调理鱼片的低盐和低糖的腌制方法；建立了既能节约能源，又能较好地保持鳙鱼、草鱼品质的冻藏方式（−40 ℃冷冻 12 小时后−18 ℃冻藏）；开发了系列保鲜调理鱼片、冰温保鲜鱼头等产品。

（4）淡水鱼品质评价与质量控制技术

第一，建立了品质变化预测模型。研究了鳙鱼、草鱼、鲢鱼、青鱼、鲤鱼、鲂鱼、鲫鱼或鱼片在不同温度贮藏条件下的感官分值、总挥发性盐基氮、菌落总数和 K 值的变化规律，建立了淡水鱼主要品质指标感官分值、菌落总数、K 值、TVB‐N 的预测模型。

第二，品质评价技术。建立了基于质构参数和近红外光谱的脆肉鲩肌肉脆性的表征方法和基于近红外光谱技术的大宗淡水鱼种类的鉴别模型，构建了草鱼、鲢鱼和鲫鱼肌肉营养、新鲜度、物性指标的近红外定量模型。

## 三、大宗淡水鱼池塘标准化养殖存在的问题

虽然大宗淡水鱼类养殖业在我国渔业中占有重要的地位，但由于长期以来缺乏足够的科研经费投入，科技对产业发展的支撑作用没有得到有效的体现，表现在良种的覆盖率低，病害损失严重，养殖模式落后，效益提升乏力，产业发展与资源、环境的矛盾加剧，水产品质量安全和养殖水域生态安全问题突出。

### （一）自然资源消耗较大，制约水产业可持续发展

我国传统的池塘养殖是以不断消耗自然资源为代价来开展的，具体表现为：一是池塘养殖对土地资源占有越来越大。由于许多地方不断盲目追求养殖产量，而养殖产量的提高又依赖于不断扩大养殖面积，其结果是池塘养殖占用了越来越多的有限土地资源。二是池塘养殖对水资源消耗越来越大。一般情况下，鱼类池塘养殖后期由于密度加大，每 7 天

左右需换水 1 次来改善水质，每次换水率在 20％～30％，平均为 25％，起捕时全池抽干，池塘水深按 1 米计，每亩池塘养殖年需水量约为 4000 立方米。三是池塘养殖对生物资源消耗越来越大。在传统的池塘混养模式中，常投以大量的草、有机肥、植物粉粕及低质量饲料，其结果产生大量养殖废物，并导致池塘水质恶化，需要通过机械增氧或换水加以缓和，这样做既耗能源又耗水。

针对以上问题，只有增加单位面积产量，才能在有限的土地资源上生产足够多的水产品来满足大众的消费需求；只有采用循环水养殖，才能在我国这样一个水资源缺乏的国家使淡水养殖得到可持续发展；只有在养殖全过程中使用高效环保鱼用配合饲料，才能使淡水养殖走上良性发展的轨道。但目前发展节地、节水、节能、减排的池塘养殖模式还不成熟，增加单位面积产量还面临着养殖成本升高、养殖风险加大和群众难以接受等矛盾，高效环保鱼用配合饲料研制尚处于起步阶段，有关影响鱼类对营养要素消化吸收的机制尚未摸清，这些技术瓶颈问题不攻克，就很难支撑行业的发展。

**（二）环境影响不可低估，威胁水域生态安全**

我国传统的池塘养殖方式基本上都是开放型的，相关养殖废水排放标准还没有建立，养殖废水大量排放到周围环境中，对养殖周围环境造成了很大的压力。传统池塘养殖对环境的影响是不可低估的：一是水产养殖自身废物污染日益严重，造成水环境恶化问题也日益突出，使养殖水产品的有毒有害物质和卫生指标难以达到标准及规定；二是只注重高价值水生生物的开发，忽视了对水域生物多样性的保护，造成渔业水域生物种类日趋单一，生物多样性受到严重破坏，水域生态系统的自我调控、自我修复功能不断丧失，养殖水域的生态安全问题日益突出；三是传统养殖水域养殖布局和容量控制缺乏科学依据和有效方法，养殖生产片面追求经济效益，养殖水域超容量开发，盲目扩大养殖规模，忽略了对水域生态环境的保护。

针对以上问题，只有采取养殖废水净化处理技术，才能达到减排的目的。目前，淡水池塘中开展循环水养殖和水质净化的方式已在一些地区开展，但技术还不成熟。

**（三）养殖病害频发，引发较大的经济损失和质量安全问题**

目前，草、鲢、鳙、鲤、鲫鱼等大宗淡水鱼类品种养殖过程中，病毒性、细菌性和寄生虫等疾病均有发生。据统计，淡水养殖鱼类病害种类达 100 余种，其中主要病害种类有病毒性疾病（草鱼出血病、淋巴囊肿病），细菌性疾病（如出血性败血症、溃疡综合征），寄生虫性疾病（孢子虫病、小瓜虫病），以及其他类疾病（主要为真菌性疾病、藻类性疾病）。病害频发，一方面引发了较大的经济损失，另一方面病害严重导致鱼药滥用。目前，淡水池塘养殖生产中普遍存在使用抗生素、激素类和高残留化学药物的现象，且用药不规范、不科学，导致水产品药物残留问题成为国内外关注的焦点，使水产品的生产、出口和消费都不同程度地受到负面影响和冲击，暴露出淡水池塘养殖模式的安全隐患。

要减少病害发生，必须采取综合防控技术，提高对疾病的预警能力，加强研制高效、低毒、针对性强的鱼药产品，制定现有鱼药的科学使用标准。目前，在市场上流通的水产养殖用药有近 600 种，98% 以上是畜禽药或人用药转换过来，但这些药物在水产养殖上使用的休药期规定仍然大都是参照畜禽，由于载体不同，代谢情况也不同，因此即使是可用药，仍存在药物残留的可能。另外，从科学的防疫角度讲，疫苗的使用技术是关键，但目前我国能适合于大规模鱼群免疫接种的商品化疫苗尚处于空白状态。

**（四）基础工程设施薄弱，集约化程度亟待提高**

目前，淡水养殖的池塘多数建于 20 世纪 90 年代，随着时间推移，这些池塘并没有得到有效的治理与整修，反而因生产承包方式的转变，变得越来越不符合现代渔业生产的要求。多数池塘采取因陋就简的生产方式，许多养殖场的设施已破败陈旧。另外，我国的池塘养殖基本上沿袭了传统养殖方式中的结构和布局，仅具有提供鱼类生长空间和基本的进、排水功能，池塘现代化、工程化和设施化水平较低，不具备废水处理、循环利用和水质检测等功能。

针对以上问题，未来的池塘养殖必须创新理念，改革池塘养殖的传统工艺，建立池塘生态环境检测、评估和管理技术。目前池塘养殖水生态工程化控制设施系统尚需进一步研究完善，即建立不同类型池塘养殖水生态工程化控制设施系统模式；研究系统在主要品种集约化养殖前提下，不同水源和气候变化条件下水生态环境人工控制技术，形成系统设计模型。在上述技术、设施和设备集成的基础上，还应组合智能化水质监控系统、专家系统和自动化饲料投喂系统等，建立生产管理规范，在不同地域分不同类型进行应用示范。另外，我国的池塘养殖水生态工程化控制系统关键设备研制技术也相当落后，需进一步研究。

### （五）良种选育研究滞后，种质混杂现象严重

在良种体系建设初期，国家主要投资建设了"四大家鱼"（青鱼、草鱼、鲢、鳙）、鲤、鲫、鲂原种场、良种场。目前，全国"四大家鱼"养殖用亲本基本来源于国家投资建设的六个原种场，即基本实现了养殖原种化。而鲤、鲫基本实现了良种化，即全国养殖的鲤、鲫大多是人工改良种。水产良种是水产养殖业可持续发展的物质基础，推广良种、提高良种覆盖率，是促进水产养殖业持续健康发展的重要途径之一。但我国大宗淡水鱼类的良种选育和推广工作，仍存在以下几方面的问题：一是种质混杂现象严重。苗种场亲本来源不清，近亲繁殖严重，导致生产的"四大家鱼"和鲤、鲫、鲂苗种质量差，生产者的收益不稳定。二是良种少。目前在我国广泛养殖、占淡水养殖产量46%的"四大家鱼"除鲢鱼外，青鱼、草鱼和鳙鱼还没有一个人工选育的良种，还要依赖于野生种的直接利用，即"家鱼不家"。鲤、鲫、鲂鱼虽有良种，但良种筛选复杂，良种更新慢，特别是高产抗病的新品种极少。三是保种和选种技术缺乏。当前不少育苗场因缺乏有效的技术手段和方法，在亲鱼选择方面仅靠经验来选择，使得繁育出的鱼苗成活率低、生长慢、抗逆性差、体形体色变异等。四是育种周期长、难度大。由于"四大家鱼"的性成熟时间长（一般需要3~4年），而按常规选择育种，需要经过5~6代的选育，所以培育一个新品种需20年以上。同时，由于这些种类的个体大，易死亡，保种难度大，因此需要有一支稳定的科研团队和稳定的科研经费支持。

### （六）养殖产量与饲料需求矛盾突出，资源浪费现象严重

目前，生产上配合饲料的使用已得到重视，但普及率还有待提高。如以2015年大宗淡水鱼总产量1333.9万吨（不包括滤食性的鲢、鳙鱼），饵料系数以1.5计算，仅大宗淡水鱼就需要配合饲料2000万吨。而根据全国饲料办公室数据，2015年水产饲料总产量为1865万吨，配合饲料的缺口仍然较大。而粗放式养殖使用饲料原料直接投喂，饲料系数高，利用率低，资源浪费严重，也造成环境恶化。

## 第二节　大宗淡水鱼的消费特点与发展前景

在过去30年中，全世界供食用的水产养殖产量已增长了近12倍，年

均增长率为 8.8%。其中，占主导地位的是淡水鱼类（2010 年占 56.4%）。鲢鱼、草鱼、鲤鱼、鳙鱼和鲫鱼等品种产量均位于世界淡水鱼产量的前十位中，其流通、消费形势对世界淡水鱼流通、消费有着显著影响。

## 一、大宗淡水鱼的消费特点

### （一）鲢鱼

中国是养殖鲢鱼最大的生产国，印度、孟加拉国也是鲢的主要生产国，伊朗、巴基斯坦、古巴和俄罗斯等国也有一定的鲢产量。2011 年世界鲢鱼产量首次超过草鱼成为居全球首位的淡水鱼品种，占淡水鱼产量的 11.83%。1991～2011 年，鲢鱼的全球产量平均年增长 6.61%。在多数生产国，养殖鲢鱼以活鱼或鲜鱼方式消费，装有水的卡车和船是基本的运输工具。目前，没有多少关于鲢鱼的国际贸易信息。在中国市场上，鲢鱼的价格相对较低。鲢鱼属于中国和西伯利亚东部的本地鱼类，近几十年，鲢鱼被广泛引入到欧洲和以色列水域以控制水藻并作为人的食物来源。世界鲢鱼养殖产量在过去 20 年稳定增长，由于不需要提供辅助配合饲料，它的生产成本低于大多数其他养殖种类，预计未来产量会进一步增加，其低廉的价格将使多数普通人都有能力消费。

### （二）草鱼

草鱼是中国特产的淡水鱼类，2011 年占全球淡水鱼产量的 10.17%，是目前产量居第二位的淡水鱼类。1991～2011 年的 20 年间，全球草鱼产量年平均增长率为 7.54%。在主要生产国中国，草鱼以新鲜形式消费，大部分草鱼以新鲜整鱼或鱼片形式上市，很少被加工。产量基本在当地被消费，但广东、江西等省份的一些草鱼也销往香港和澳门地区，是供港澳的重要农产品之一。与鲢鱼一样，目前，中国国内没有草鱼出口量的详细数据。相对其他鱼类，草鱼是低价格的常规消费鱼类，中国和其他国家的中低收入阶层都可以承受。

中国人喜好吃整鱼，但随着核心家庭比重的增大（由父母和未婚子女组成，目前多为 3 口之家），整条草鱼（通常 1 千克左右）对中国小型家庭一餐消费来说有点大，因此，餐饮消费较多。由于其生长快、大规格、生产成本较低（主要取决于它对饲料蛋白要求低，可投喂水草、陆草及加工谷物和榨植物油的副产品），草鱼养殖在其他国家，特别是发展中国家的发展很有潜力，已经成为一些国家发展的理想养殖种类。而且，草鱼养殖可与农作物种植和畜牧业相结合，最大限度地利用自然资源。另一方面，草鱼是肌间刺较少的大型鱼类，可被许多国家的消费者接受，有良好的发展潜力。

### （三）鲤鱼

鲤鱼是排在全球淡水鱼第三位的种类，2011 年世界鲤产量占淡水鱼产量的 8.44%，1991～2011 年，鲤鱼的全球产量平均年增长 6.49%。鲤鱼的主要生产区域为亚洲和欧洲。联合国粮食及农业组织的统计数据表明，鲤鱼产量可能已经接近极限，但鲤鱼在传统生产区将继续作为重要的水产养殖种类。大部分鲤鱼都在当地消费。欧洲曾进行的几项鲤鱼加工试验显示，市场对活鱼或刚加工好的鲤鱼有需求，但加工使鲤鱼价格提高到缺乏竞争力的水平，因此预计未来国际市场对加工鲤鱼产品的需求不会有明显增长。此外，近些年欧洲鲤鱼生产目标已经逐步从食用消费转向了投放进天然水体和水库用来钓鱼的饵料鱼或是更注重鱼类的涵养生态的功能。

### （四）鳙鱼

鳙鱼是排在全球淡水鱼第五位的种类。2011 年世界鳙鱼产量占淡水鱼产量的 5.97%。1991～2011 年，鳙鱼全球产量平均年增长 6.93%。中国是最主要的生产国。传统上，鳙鱼在中国以及大多生产国以鲜销为主，大部分鳙鱼以新鲜的整鱼或鱼片形式上市，很少被加工。中国的鳙鱼产量基本在当地消费，但广东的一些产量销往香港和澳门地区。过去，鳙鱼是低价格商品，近年来在餐饮业的带动下，鳙鱼的价格有所上涨，但一般中低收入阶层均可承受。

### （五）鲫鱼

鲫鱼是排在全球淡水鱼第 6 位的品种，2011 年产量占世界淡水鱼产量的 5.08%。1991～2011 年，世界鲫鱼的年平均增长率为 12.11%，大于同期养殖鲢、草、鲤和鳙的增长率，也高于罗非鱼的增长率（10.19%），产量增加的大部分来自中国。由于相对小的鱼体规格和大量的肌间刺，许多国家的消费者较少接受鲫鱼，其产量在其他国家的增长非常缓慢。中国台湾地区是一个主要生产地区，年产量在 20 世纪 80 年代早期维持在 3000 吨/年之上，但 90 年代后产量逐渐下降，近几年保持在 1000 吨以下的水平。中国台湾地区等地产量的下降与消费者需求变化紧密相关。尽管鲫鱼味道鲜美、肉质细腻、营养价值高，但鲫鱼的大量肌间刺越来越难以被现代消费者接受。

目前在中国多数地区，鲫鱼仍是相对首选养殖鱼类。目前，鲫鱼基本上是本地消费，几乎所有养殖产量都以鲜活方式上市，加工仅限于少量的晒干或盐渍产品。鲫鱼价格适中，中低收入人群都有能力消费。近些年，基因改良方面的进展大大提高了鲫鱼的生长率，使鲫鱼更具竞争性并更好地被消费者接受。因此，中国产量进一步增加的前景非常乐观。但在其他国家情况可能不同，因此在中国以外的区域产量不太可能快速增加，也不大可能成为国际市场的重要鱼产品。

## 二、大宗淡水鱼养殖发展前景

### （一）大宗淡水鱼在我国渔业产业结构中的地位将得到进一步加强

我国是世界水产养殖大国，虽然我国的水产品总产量占世界第一位，但由于我国占世界人口总量的1/5，所以人均占有量并非最高。从稳定水产品市场供给及满足中低收入消费群体的角度看，大宗淡水鱼承担着非常重要的角色。值得一提的是，在近年来我国猪肉、禽蛋等动物性食品价格大幅上涨时，大宗水产品产量提高的同时保持价格相对稳定，有效平抑了物价，满足了部分中低收入家庭的消费需求，得到社会的普遍肯定。另外现在人们生活水平大幅提高，要提高生活质量，必须提供足够的蛋白质，有学者提出了蛋白质农业，而水产养殖业是向居民提供足够蛋白质的最佳途径之一。目前渔业向居民提供的蛋白质占蛋白质摄入量的30％以上，要想满足人民日益增长的蛋白质需求，就必须进一步提高水产养殖的产量。随着经济的进一步发展，对土地的需求越来越大，但由于土地的稀缺性，很多地区尤其是经济发达地区的水产养殖水域被房地产、工业园区等蚕食，水产养殖面积将会越来越小，因此只能依靠提高单产的方法来提高水产养殖总产量。水产养殖中大宗淡水鱼养殖面积大，单位养殖面积每增加千克的产量，对大宗淡水鱼养殖总量来说就是一个很大的数量。因此要想提高水产养殖总产量，就必须高度重视对大宗淡水鱼养殖技术的研究与推广，提高大宗淡水鱼的养殖产量。综上所述，在未来较长时期内，大宗淡水鱼在我国渔业产业结构中所处的地位将会进一步得到加强。

### （二）大宗淡水鱼养殖产量中各品种所占比例将基本保持稳定

某一品种的养殖产量与上年该品种的市场价格和效益、政策引导以及新品种的推广力度有很大的关系。以湖南省2009年大宗淡水鱼养殖情况为例，当年湖南省大宗淡水鱼总产量比2008年增长了16.5％，主要是因为 2008 年大宗淡水鱼价格上涨，养殖户收入和效益增加，刺激了 2009 年养殖产量的增加。纵观 2008～2011 年全国大宗淡水鱼各品种的产量都有不同程度的增加，但增加的幅度并不大，各品种历年所占的比例基本保持稳定，主要是由于大宗淡水鱼各品种总产量的基数比较大，某一养殖品种在某一地区可能会因为推广力度大而产量有大幅度增长，但就全国的养殖产量看，由于该品种价格稳定，养殖面积并不会出现大面积增加，因此该品种全国养殖产量增长的幅度并不会很大。由此可见，某一养殖品种的市场行情才是决定该品种未来养殖产量的主要因素。养殖户跟着市场需求走，对于价格高、利润好的养殖品种，养殖面积及产量会增加，所占比例也会增加。但从大宗淡水鱼过去几年的市场表现看，大宗淡水鱼品种出现价格大幅波动的概率比较小，而且波动时间也不会很长。从长时间看，大宗淡水鱼价格是处于一个相对比较稳定的区间，因此养殖面积也会保持相对稳定，各品种在大宗淡水鱼养殖中所占的比例波动不会太大，会基本保持稳定。

**（三）大宗淡水鱼未来的价格会保持相对稳定，市场前景看好**

纵观过去几年大宗淡水鱼的市场价格情况，2014 年对草、鲢、鳙、鲤、鲫、鳊 6 种鱼价格监测显示，大宗淡水鱼类价格依然延续往年两头低、中间高的特征，即年初价格较低，从 5 月份开始上涨，一直持续到 8 月份，9 月份市场价格趋于平稳，10 月份后开始逐渐回落，一直持续到 12 月份，整个价格变动趋势基本上与往年相同。由此可见，大宗淡水鱼价格保持相对稳定，波动较小。究其原因，主要有以下几方面：第一是大宗淡水鱼消费主要以满足国内需求为主，出口量较小，因此价格受国外市场影响很小；第二是大宗淡水鱼国内消费群体主要为中低收入阶层，近年中低收入阶层收入保持稳中有升，因此大宗淡水鱼的消费群体、消费能力比较稳定，需求依然比较旺盛；第三是大宗淡水鱼产量相对比较稳定，近年虽每年都有上升，但增长幅度并不大，水产品产销基本均衡，价格难有剧烈波动；第四是大宗水产品不会成为游资炒作对象，一些曾经被爆炒的农副产品都具有季节性、易贮存、产地集中的特点，相比之下，水产品不具备这样的特点，也就保证了其市场的稳定性，因此大宗淡水鱼在未来几年内价格会保持相对稳定。由于其养殖技术成熟，投入少，利润比较稳定，适合大多数养殖者进行养殖，市场前景比较看好。

但需要注意的是，2014 年年底开始湖南地区草鱼价格急剧走低，2015 年 7 月，1～1.5 千克的草鱼在塘边仅售 7.4～7.8 元/千克，而养殖草鱼的成本到了 9 元/千克，湖南地区草鱼养殖户效益受到严重影响。原因主要是因为连续两年的草鱼高价格，养殖户盲目扩大草鱼养殖面积，提高养殖产量，直接导致供过于求，最终出现草鱼市场价格高位跳水。因此，养殖大宗淡水鱼也需要关注市场需求和市场行情，及时调整养殖模式。

## 第三节　开展淡水鱼标准化养殖的对策和建议

从我国水产养殖业健康、稳定和可持续发展的根本需求和长远利益出发，以提高水产养殖产品的质量和取得社会、经济效益双丰收为目标，按照"健康、高效、安全、生态、节水、节地、节能、减排"的要求，进行产业关键技术研究与集成，以淡水池塘养殖为重点，围绕青、草、鲢、鳙、鲤、鲫、鲂的健康养殖技术的整体性提升，运用工程学、生态学、生物学等方法，开展关键技术突破和集成研究，形成可控的人工生态系统，分不同类型，建立代表我国池塘养殖设施技术未来发展方向的"养殖示范小区"并进行示范推广。

### 一、池塘养殖新模式

#### (一) 推广水资源循环利用技术，达到节水、减排的要求

根据养殖生物的不同习性，将池塘养殖分为鱼类主养区、鱼贝混养区、虾蟹养殖区和水源区等功能区，使养殖排水逐级净化，水资源循环利用和营养物质多级利用，使水质净化达到最佳效果，达到池塘养殖零污染零排放的目的。通过该项技术的研究实施，探讨水产行业生态循环经济的内在机制，探索农业生态循环经济的实用模式。一方面它发展了水产养殖，改变了我国水产养殖的传统观念；另一方面从科学发展观的高度，对充分利用有限的资源，保护生态环境具有深远的意义，有利于水产养殖的可持续发展。

推广普及健康养殖，比如池塘循环水模式、"鱼-稻"复合生态养殖模式、生物浮床池塘原位净化技术等，要联合建立健康养殖示范场，在源头上控制好养殖水产品安全问题。就以武进水产养殖场试验基地的池塘循环水模式为例，这个模式主要是引进了工厂化生产的理念，将池塘水面分为养殖区和一级、二级、三级净化区，一级净化是以河道为主体，在河道两边种养风眼莲、水花生，同时放养河蚌、青虾、花白鲢，形成

一个天然的水质净化系统。二级净化池是一个有一定面积的土池，种植有多种水生植物，有浮水的，有挺水的，有沉水的。在二级净化池塘同时也放养河蚌、青虾、花白鲢等动物品种。三级净化池是一个浅水池塘，这里以挺水植物为主，种植有各种各样的挺水植物，同时也有一定的沉水植物和浮水植物，水生动物有河蚌、青虾、花白鲢等。经三级净化出来的水体，水体中氨氮的去除率平均为 60.49%，亚硝酸盐氮的去除率平均为 86.51%，总氮的去除率平均为 74%，总磷的去除率平均为 68.5%，叶绿素-a 的去除率平均为 73.67%。以上数据通俗来说就是经过净化处理的水可达到三类水或二类水的标准，甚至有可能比引进水源的水质量还高，真正能做到好水养好鱼的目的。

## （二）建立池塘生态环境检测和评估体系，保护渔业生态环境

池塘生态环境的监测与保护要紧紧围绕制约渔业可持续发展的主要环境问题，以应用基础性研究为重点，突出发展创新、实用的新技术。对日趋严重的水域污染、蓝藻等灾害，提出主要环境问题的诊断，建立灾害的预警预报、渔业水域生态环境保护、修复和管理的理论、方法和技术。在研究方法上，要从单项的、对不同因素的分别研究，向多项的、基于生态系统的整体研究发展。要加强国际合作，广泛运用现代化研究手段，从一般性生态环境监测与评价朝规律性、保护性、修复方面的研究发展。

## （三）利用多级生物进行生物修复，实现池塘养殖可持续发展

采用多级生物系统对淡水养殖池塘环境进行修复，主要的技术有固定化微生物生态修复技术、水上农业改善池塘环境技术、植物化感物质控藻技术、池塘底质改良技术等。通过原位修复技术使养殖生物在良性的生态环境中生长发育，最大限度减少池塘养殖对外环境的影响，实现池塘养殖可持续发展。

## （四）开发高效环保鱼用配合饲料，提高养殖经济、社会和生态效益

开发高效环保饲料是目前降低农业面源污染的一个关键环节。只有采用高效环保饲料，才能加速鱼类健康生长，降低养殖的成本；才能减少饲料损失，提高鱼体吸收率，减少对水环境的污染；才能提高养殖产量与经济效益，提高社会效益及生态效益。

营养饲料的研究不仅要在配方上改进，也要在投喂模式上改进，不仅可以降低饲料投喂量，减少饲料成本，同时还可以提高饲料的利用、减少环境污染。例如水产生物研究所建立的异育银鲫动态投喂模型与摄

食数据库，可以通过合理投喂，每生产 1 吨异育银鲫可减少 0.86 吨饲料的投入，降低 31 千克氨氮排放。

## 二、加强新品种的选育与推广工作

加大对大宗淡水鱼品种遗传改良和新品种培育力度。"四大家鱼"要以已建立的国家级原种场为依托，扩大原种的养殖面积。鲤鱼重点发展建鲤、松浦鲤、黄河鲤等，并在此基础上培育出新的品种银鲫，重点发展彭泽鲫、异育银鲫等。团头鲂重点发展浦江 1 号和经过遗传改良的团头鲂。近年来一批水产新品种通过了国家审定，如 2008 年至 2010 年大宗淡水鱼共培育出异育银鲫"中科 3 号"、松浦镜鲤、长丰鲢、津鲢和福瑞鲤、芙蓉鲤鲫等品种，目前这些新品种在苗种生产和示范推广养殖方面取得较大进展，如异育银鲫"中科 3 号"，据不完全统计，2009 年生产的苗种已过 5 亿尾，在湖北、江苏、广东、广西等全国十几个省市进行了推广养殖，养殖面积近 1 万公顷，并对多个地区的渔技人员和养殖户进行了养殖培训。2009 年产生的社会效益约 10 亿元，增产产生的经济效益达 2 亿元以上。但这些新品种在推广中主要还存在三方面的问题：一是目前水产原、良种生产能力有限，无论是种类还是数量都不能满足苗种繁育场的需要，良种在数量上还不能起到主导作用；二是缺乏科学、有效的原种、良种的质量检测技术；三是水产苗种生产许可管理基本停留在形式上，还没有与种源、良种质量的管理结合。因此，希望政府主管部门加大对《水产苗种管理办法》《水产原、良种生产管理规范》等法律、法规的宣传、贯彻和执法力度，提高全行业的良种意识，落实国家有关原、良种产业的优惠政策，充分发挥政府在水产原、良种产业发展中的主导作用，从政策和资金两方面对原、良种的培育、生产和推广给予扶持，并制定实施水产原、良种生产许可证制度。继续加强水产原、良种生产基础设施建设，制定并实施良种补贴政策，加大新品种的推广力度。

## 三、研发保障水产品质量安全的病害防治新技术

### （一）构建水产养殖病害预警体系，增强综合防控能力

建立数字化病害监控技术复合体系：一方面由病原监测、生态因子监测、专家分析库等组合成预警功能体系；另一方面由疫苗、免疫增强剂、环境改良生物制剂等系列产品及其配套技术并结合抗病品种、低污

染高能饲料应用等组合成控制功能体系。两功能体系间的多元素有机集成，构建具有病害信息分析、指示控制方案、技术产品优化推荐、效应反馈分析、功能库更新提升等计算机识别监控技术系统，提高病害预警和防治能力，为产业发展护航。

**（二）开展药代动力学和新鱼药研究，消除质量安全隐患**

加强鱼药代谢学的研究，尽快制定相关鱼药的休药期。另外，要尽快制定或修订禁用药和可用药目录，与国际接轨制定或修订相关药物残留的检测方法和标准，制定合理的残留检测线，研究和开发药残快速监测技术或产品，确保残留监控的及时性和有效性；研发高效、低价、低残留的专用鱼用药物和禁药的替代药物，改变新鱼药缺乏的窘境；研发新型的水质改良剂，减少鱼药的使用量，制定水质改良剂标准。

**（三）开发鱼类抗应激的添加剂，提高鱼体抗病能力**

目前养殖鱼类受多重胁迫因子影响，抗应激能力下降，生产上常出现捕捞时易出血，运输成活率下降，以及鱼体免疫力下降、死亡率上升等现象。为了给鱼类创造一个良好的生长环境，必须研究鱼类的抗应激机制，研发抗应激产品。

**（四）建立全新池塘养殖管理体系，保障水产品质量安全**

水产品安全不仅直接威胁消费者的身体健康和生命安全，而且还直接或间接影响到食品、农产品行业的健康发展。因此，水产品安全是对食品链中所有水产品生产、加工、贮运等各个环节的首要要求。作为食品链的初端，水产品养殖过程直接影响到水产品及其加工食品的安全水平。为达到符合法律法规、相关标准的要求，满足消费者需求，保证食品安全和促进渔业的可持续发展，应建立全新的池塘养殖管理体系。

**（五）研发新型鱼药及其剂型、制剂，建立快速检测技术平台**

研制窄谱性鱼药、水产专用鱼药、新型消毒剂、"三效三小"鱼药即"高效、速效、长效"与"毒性小、残留小、用量小"等新型鱼药。加强对微生态制剂、免疫刺激剂、生物鱼药及中草药等鱼药的研究和开发。

开展病害远程诊断技术的研究。采用实时荧光定量、多重、基因芯片以及基于单克隆抗体等新技术，针对草鱼出血病、嗜水气单胞菌、温和气单胞菌、爱德华菌等大宗淡水鱼类病原的快速检测技术进行研究，建立快速检测技术，在此基础上开发远程诊断专家系统。

加强水产疫苗的研制。水产疫苗能提高水生养殖动物机体对特异性疾病的抵抗力，且符合环境无污染、水产食品无药物残留的概念，已成为当今世界水生动物疾病防控研究与开发的主流产品。目前已经研制出我国第一个获得生产批准文号的草鱼出血病活疫苗株产品。

### 四、研发池塘水生态工程化控制集成技术

针对南方、北方和中部不同地域气候环境条件，建立不同类型池塘养殖水生态工程化控制设施系统模式；研究系统在主要品种集约化养殖前提下，不同水源和气候变化条件下水生态环境人工控制技术，形成系统设计模型。

在上述技术、设施和设备集成的基础上，组合智能化水质监控系统、专家系统和自动化饲料投喂系统等，建立生产管理规范，在不同地域，分不同类型应用示范。

传统水产养殖是一个苦力活，在劳动力成本升高的情况下，发展机械化才是规模化、工厂化的道路。研发远程集中投饵系统，不仅可以解决大湖泊的投饵搬运等问题，还可以精确控制投喂量，大大减少劳动成本。在商品鱼捕捞上，重点研发机械化捕鱼以及池塘起鱼输送设备。在池塘养殖水生态工程化控制系统关键设备研发上，主要研发大流量低扬程节能型水泵；深水增氧-曝气提水设备；深水池塘起捕移动式机械；池塘淤泥清除利用工艺研究与脱水设备。

### 五、研发淡水鱼类产品加工新技术

大宗淡水鱼加工技术相对其他规模化养殖品种来说还比较落后，这也是制约淡水常规水产品发展的瓶颈之一。目前淡水水产品加工主要采用腌制等较为简单的加工工艺，因此必须加大这方面的技术力量和研发力度，扶持加工龙头企业，建立符合我国国情的淡水常规水产品的加工体系。

针对我国大宗淡水鱼消费需求特点和加工现状，大宗淡水鱼加工业宜向以下几方面发展：一是水产品加工业向精深加工发展，提高水产品加工品质，丰富加工种类。如针对大宗淡水鱼生产鱼糜及其制品时存在土腥味重、凝胶强度差和得肉率低的技术难题，开发了适合淡水鱼糜加工的生物发酵剂和发酵生产工艺，形成了大宗淡水鱼类生物发酵技术，用发酵法生产的鱼糜凝胶强度高、得肉率高、保藏性高和无土腥味。二是提高加工能力和技术装备水平，实现水产品加工自动化和标准化。三是提高水产品加工副产品综合利用水平，利用加工副产品开发出方便水

产食品、风味水产食品、模拟水产食品和保健水产食品等。四是提高加工品质量安全水平，为消费者提供安全、方便的食品。五是积极开拓国内外消费市场。加工业与生产和消费紧密结合，不同群体对水产品有不同的需求，应认真研究国内外两个市场，根据消费者的不同需求，做市场细分，将加工与消费需求紧密联系在一起，为消费者提供差异化、多层次和多品种的优质水产品。

## 六、大力推进大宗淡水鱼产业化经营

渔业产业化以市场为导向，以加工企业为依托，以广大渔户为基础，以科技服务为手段，通过把渔业生产过程的产前、产中、产后诸环节联结为一个完整的产业系统，实现捕养加、产供销、渔工贸一体化经营。实施渔业产业化经营，通过市场牵龙头，龙头带基地，基地联渔农的方式将市场经营者与生产者联合起来，打破产品与消费、生产与流通脱节的格局，使养殖户进入一个较稳定的系统，从而发挥规模优势，降低养殖风险，提高养殖效益。如可采取"龙头企业＋基地＋专业合作组织农户＋市场"的模式，在实践中不断探索，从而解决千家万户小生产和千变万化大市场之间的对接问题，逐步形成"企业跟着市场跑，结构围绕企业调，项目依托基地建，渔民照着订单干"的产业化格局。

# 第二章　池塘标准化改造与建设规范

新建、改建池塘养殖场必须符合当地的规划发展要求，根据养殖地环境特点和鱼类的生态习性，结合养殖场的规划目的、要求、生产特点、投资大小、管理水平以及地区社会、经济发展需要等，对养殖场的规模和形式进行整体规划与布局，要既能满足水产动物的生长需求，保证水产品质量安全，又能创造效益。可以根据养殖场具体情况，因地制宜，在满足养殖规范规程和相关标准的基础上对养殖场做合理的规划与建设。

## 第一节　养殖场地选址要求

大宗淡水鱼对自然环境要求较高，其生长、发育、繁殖及产品质量等各方面易受到生存环境的影响。因而，在建场选址时，选择无污染、生态条件好、气候适宜的场地十分关键，此外交通条件和基础设施也是需要考虑的重要因素。

### 一、环境要求

新建、改建池塘养殖场要充分考虑当地的水质、气候、周围设施等因素，结合当地的自然条件决定养殖场的建设规模、建设标准，并选择适宜的养殖品种和养殖方式。养殖场地的选择一般参照《NYT5361—2016　无公害农产品　淡水养殖产地环境条件》，进行选择。

养殖场应选择在取水上游3千米范围内无工矿企业、无污染源、生态环境良好的区域建场。养殖场应选择安静、阳光充足的区域，避开公路、喧闹场所、噪声较大厂区及风道口。周围无畜禽养殖场、医院、化工厂、垃圾场等污染源，具有与外界环境隔离的设施，内部环境卫生良好，环境空气质量符合GB3095各项要求。

## 二、水质要求

养殖用水的质量直接影响水产动物的生长、发育与繁殖，是养殖生产的关键控制因素之一。水产动物养殖用水要求水质清新、无异味、无有毒有害物质。

水源包括江河、溪流、湖泊、地下水等，只要水源充足、水质良好、排灌方便、不受旱、涝影响，符合 GB3838—2002 地表水环境质量标准和 GB11607 渔业水质标准要求的水源水，均可作为大宗淡水鱼养殖水源。水产养殖场的规模和养殖品种要结合水源情况来决定。采用河水或水库水作为养殖水源，要考虑设置防止野杂鱼类进入的设施，以及周边水环境污染可能带来的影响。使用地下水作为水源时，要考虑供水量是否满足养殖需求，一般要求在 10 天左右能够把池塘注满。选择养殖水源时，还应考虑工程施工等方面的问题，利用河流作为水源时需要考虑是否筑坝拦水，利用山溪水流时要考虑是否建造沉沙排淤等设施。水产养殖场的取水口应建在上游部位，排水口建在下游部位，防止养殖场排放水流入进水口。

对于部分指标或阶段性指标不符合规定的养殖水源，应考虑建设源水处理设施，并计算相应设施设备的建设和运行成本。同时还须查阅当地历年的水文记录，考察工、农业和生活排污情况，远离洪水泛滥地区和污染源。

## 三、养殖场地土质要求

在规划建设养殖场时，要充分调查了解当地的土壤、土质状况，不同的土壤和土质对养殖场的建设成本和养殖效果影响很大。

建池的土质以黏土为好，沙壤土次之，黏土保水性和透气性好，渗透性差，有利于池中有机物分解和浮游生物繁殖及池塘水位的稳定，有利于创造、保持良好又稳定的养殖水环境。沙质土或含腐殖质较多的土壤，保水力差，做池埂时容易渗漏、崩塌，不宜建塘。酸性土壤或盐碱地更不宜选建水产动物养殖场。含铁质过多的赤褐色土壤，浸水后会不断释放出赤色浸出物，对鱼类生长不利，也不适宜建设池塘。

砖砌水泥池一般对土质条件不作要求。养殖池选址时，土壤的土质、透水性、有毒有害物质等成分、指标均须采样送具有相应检测资质的检测部门进行分析。而有关土壤种类的判定可用肉眼观察和手触摸的方式进行初步判定，方法如下：

1. 黏土 土质滑腻，无粗糙感觉，湿时可搓成条，弯曲难断。
2. 壤土 湿时可搓成条，但弯曲有裂痕。
3. 沙壤土 多粉沙，易分散板结，用手摸如麦面粉的感觉。
4. 沙土 肉眼可以看到砂粒，手摸有粗糙感。
5. 沙砾土 有小石块和砾石。

### 四、交通要求

水产养殖场需要有良好的道路、交通、电力、通信、供水等基础条件。新建、改建养殖场最好选择在"三通一平"的地方建场，如果不具备以上基础条件，应考虑这些基础条件的建设成本，避免因基础条件不足影响养殖场的生产发展。因此，应选择交通方便、供电充足、通信发达和有充足饵料来源的区域进行大宗淡水鱼养殖，确保苗种、饲料、养殖产品等运输畅通，养殖生产正常运行，及时了解市场行情，才能获得较好经济效益。

## 第二节 养殖场规划与建设

养殖场的规划与布局需从地理环境、自然资源、经济效益等多个方面综合考虑，充分体现养殖场的生态性、无公害性和经济性。在建养殖场时，可因地制宜、就地取材，讲求实用性，减少费用成本。在设计养殖池的形状、走向、面积大小、水深、池埂、护坡等各方面的环境条件时，要考虑水产动物健康生长的生态习性需求，提高水体的生产力，创造较好生态效益、经济效益和社会效益。根据水产动物习性、养殖模式、疫病防控和便于管理的原则，对养殖场进行合理布局，做到生产基础设施、养殖生产、水质调控系统、质量安全管理等一体化。同时就当前生产及近期打算，对养殖场投资规模和经营内容进行合理布局，并考虑今后生产发展需要，为长远规划留有余地。

### 一、场地布局

水产养殖场应本着"以渔为主、合理利用"的原则来规划和布局，养殖场的规划建设既要考虑近期需要，又要考虑到今后发展。

水产养殖场的规划建设应遵循以下原则：

1. 合理布局　根据养殖场规划要求合理安排各功能区，做到布局协调、结构合理，既满足生产管理需要，又适合长期发展需求。

2. 利用地形结构　充分利用地形结构规划建设养殖设施，做到施工经济、进排水合理、管理方便。

3. 因地制宜　在养殖场设计建设中，要优先考虑选用当地建材，做到取材方便、经济可靠。

4. 搞好土地和水面规划　养殖场规划建设要充分考虑养殖场土地的综合利用问题，利用好沟渠、塘埂等土地资源，实现养殖生产的循环发展。

养殖场的布局结构，一般分为池塘养殖区、办公生活区、仓库、水处理区等。

养殖场的池塘布局一般由场地地形所决定，狭长形场地内的池塘排列一般为"非"字形。地势平坦场区的池塘排列一般采用"围"字形布局。

## 二、池塘标准化改造与建设

池塘是养殖场的主体部分。按照养殖功能分，有亲鱼池、鱼苗池、鱼种池和成鱼池等。池塘面积一般占养殖场面积的 65%～75%。各类池塘所占的比例一般按照养殖模式、养殖特点、品种等来确定。

### （一）池塘面积与水深

池塘的面积取决于养殖模式、品种、池塘类型、结构等。饲养大宗淡水鱼的池塘面积应较大，这样鱼的活动范围广，受风力的作用也较大，风力不仅可以增加溶氧，而且可使池塘上下水层混合，改善下层水的溶氧条件。此外水体大，水质稳定，不易突变，因此鱼谚有"宽水养大鱼"的说法。但是面积过大，管理不便，投饵不匀，水质难控制，夏季捕鱼时，一网起捕过多，分拣费时，操作困难，稍一疏忽，容易造成鱼的死伤。面积较小的池塘建设成本高，便于操作，但水面小，风力增氧、水层交换差。大宗鱼类养殖池塘按养殖功能不同，其面积不同，见表 2-1。成鱼池一般 5～15 亩，鱼种池一般 2～5 亩，鱼苗池一般 1～2 亩。

池塘水深是指池底至水面的垂直距离，池深是指池底至池堤顶的垂直距离。养鱼池塘有效水深不低于 1.5 米，一般成鱼池的深度在 2.5～3.0 米，鱼种池在 2.0～2.5 米。池埂顶面一般要高出池中水面 0.5 米左右。水源季节性变化较大的地区，在设计建造池塘时应适当考虑加深池

塘，维持水源缺水时池塘有足够水量。深水池塘一般是指水深超过 3.0
米以上的池塘，深水池塘可以增加单位面积的产量，节约土地，但需要
解决水层交换、增氧等问题。

表 2-1　　　　　　　　　不同类型池塘规格参照表

| 类型＼项目 | 面积（亩） | 池深（米） | 长：宽 | 备注 |
|---|---|---|---|---|
| 鱼苗池 | 1～2 | 1.5～2.0 | 2：1 | 可兼作鱼种池 |
| 鱼种池 | 2～5 | 2.0～2.5 | (2～3)：1 | |
| 成鱼池 | 5～15 | 2.5～3.5 | (2～4)：1 | |
| 亲鱼池 | 3～6 | 2.5～3.5 | (2～3)：1 | 应接近产卵池 |

## （二）池塘形状与方向

池塘形状主要取决于地形、品种等要求。一般为长方形，也有圆形、
正方形、多角形的池塘。长方形池塘的长宽比一般为（2～4）：1。

长宽比大的池塘水流状态较好，管理操作方便；长宽比小的池塘，
池内水流状态较差，存在较大死角和死区，不利于养殖生产。

池塘的朝向应结合场地的地形、水文、风向等因素，尽量使池面充
分接受阳光照射，有利于塘中浮游生物（天然饵料）的光合作用，减少
细菌和有害微生物的生长繁殖。池塘朝向也要考虑是否有利于风力搅动
水面，增加溶氧。在山区建造养殖场，应根据地形选择背山向阳的位置，
图 2-1。

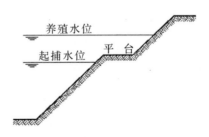

**图 2-1　池塘内坡平台示意图**

池塘底部要平坦，为了方便池塘排水、水体交换和捕鱼，池底应有
相应的坡度，池塘底部的坡度一般为 1：200，向排水口一侧倾斜，这样
在排水干池时，鱼和水都集中在最深处，排水捕鱼十分方便，池塘淤泥

也集中在最深处容易清除。

　　在较大的长方形池塘内坡上，为了投饵和拉网方便，一般应修建一条宽度约 0.5 米平台，平台应高出水面。

### （三）池埂与护坡

　　池埂是池塘的轮廓基础，池埂结构对于维持池塘的形状、方便生产，以及提高养殖效果等有很大的影响。池塘塘埂一般用匀质土筑成，埂顶的宽度应满足拉网、交通等需要，一般在 1.5～4.5 米间。池埂的坡度大小取决于池塘土质、池深、护坡和养殖方式等。一般池塘的坡比为 1：（1.5～3），若池埂的土质是重壤土或黏土，可根据土质状况及护坡工艺适当调整坡比，池塘较浅时坡比可以为 1：（1～1.5）。图 2-2 所示为坡比示意图。

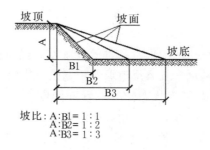

坡比：A：B1＝1：1
　　　A：B2＝1：2
　　　A：B3＝1：3

**图 2-2　池塘护坡坡比示意图**

　　护坡具有保护池形结构和塘埂的作用，一般根据池塘条件不同，池塘进排水等易受水流冲击的部位应采取护坡措施。目前水泥预制板护坡、生态护坡是常见的池塘护坡方式。

　　水泥预制板护坡的建设。水泥预制板的厚度一般为 5～15 厘米，长度根据护坡断面的长度决定。较薄的预制板一般为实心结构，5 厘米以上的预制板一般采用楼板方式制作。水泥预制板护坡需要在池底下部 30 厘米左右建一条混凝土圈梁，以固定水泥预制板，顶部要用混凝土砌一条宽 40 厘米左右的护坡压顶。水泥预制板护坡的优点是施工简单，整齐美观，经久耐用，缺点是破坏了池塘的自净能力。一些地方采取水泥预制板植入式护坡，即水泥预制板护坡建好后把池塘底部的土翻盖在水泥预制板下部，这种护坡方式有利于池塘固形，维持池塘的自净能力。

　　生态护坡的建设。生态护坡是由工程和植物组成的综合护坡技术，综合考虑岩土工程、土壤、生态和植物等因素，兼顾了防护与环保两方

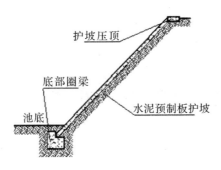

**图 2-3　池塘水泥预制板护坡示意图**

面的功效，是一种很有效的护坡、固坡、水体净化手段。一般是利用沙石、绿化砖、植被网等固着物铺设在池塘边坡上，并在其上栽种植物，利用水泵和布水管线将池塘底部的水提升并均匀地布撒到生态坡上，通过生态坡的渗滤作用和植物吸收截流作用去除养殖水体中的氮磷等营养物质，达到净化水体的目的。首先整理好边坡，将护坡材料沿坡面由上至下铺于坡面上，与坡面之间保持平顺结合。将护坡材料埋于土中并压实，铺于坡顶时需延伸 40～60 厘米，向下至水面以下 1.5～2 米。铺设完毕，将泥土均匀回覆盖住，直至不出现空包，确保泥土厚度不小于 12 毫米。接着布管，先布一根 10～15 米进水管通至塘底，管口接上潜水泵，进水管左右分别延伸各 40 米管子作为分流管，分流管将水分到出水管，出水管管面上每间隔 10 厘米钻一个出水孔（直径 0.5 厘米左右）。最后移栽植物到护坡上，植物可以是人工预培养的苗种，也可直接移栽天然植物，尽量从生长环境相近的地方，选择体形、根系较小植物移栽。护坡长度一般为坡长的 80%～90%，深度为 2～4 米，选择池塘一长边构建生态护坡即可。

**（四）池塘整治与清淤**

　　良好的池塘条件是获得高产、优质、高效的关键之一。目前我国对高产稳产鱼池的要求是：①面积适中，一般养鱼水面以 10 亩左右为佳。②水较深，一般在 2.5 米左右。③有良好的水源和水质，注排水方便。④池形整齐，堤埂较高较宽，大水不淹，天旱不漏，旱涝保收。此外池底最好呈"龟背形"或"倾斜形"，池塘饲养管理方便，并有一定的青饲料种植面积。如鱼池达不到上述要求，就应加以改造，改造标准是：小池改大池，浅池改深池，死水改活水，低埂改高埂，窄埂改宽埂，见图 2-4。

　　多年用于养鱼的池塘，由于淤泥淤积过多，堤基受波浪冲击，一般

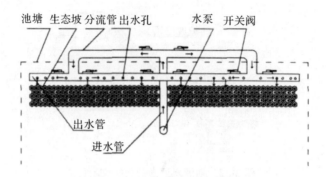

图 2-4　池塘生态护坡示意图

都有不同程度的崩塌，必须进行整治和清淤。

　　整塘，就是将池水排干，清除过多淤泥；将池底推平，并将塘泥敷贴在池壁上，使其平滑贴实，填好漏洞和裂缝，清除池底和池边杂草；将多余的塘泥清除覆上池堤，为青饲料的种植提供肥料。

　　清塘，就是在池塘内施用药物杀灭影响鱼苗生存、生长的各种生物，以保障鱼苗不受敌害、病害的侵袭。

　　必须先整塘，曝晒数日后，再用药物清塘。只有认真做好整塘工作，才能有效地发挥药物清塘的作用。否则，池塘淤泥过多，造成致病菌和孢子大量潜伏，再好的清塘药物也无济于事。因此在生产上一定要克服"重清塘、轻整塘"的错误倾向。

　　对于新开鱼池，可在池中投放绿肥，采用沤肥的方法尽快制造淤泥，使淤泥中的腐殖质镶嵌在土壤间隙中，并覆盖在土壤上，使其与原来的土质基本隔绝，就可以起供肥、保肥和调肥的作用。

　　池塘经一年的养鱼后，底部沉积了大量淤泥（一般每年沉积 10 厘米左右）。故应在干池捕鱼后，将池底周围的淤泥挖起放在堤埂和堤埂的斜坡上，待稍干时应贴在堤埂斜坡上，拍打紧实，然后立即移栽黑麦草或青菜等，作为鱼类的青饲料。这样既能改善池塘条件，增大蓄水量，又能为青饲料的种植提供优质肥料，也由于草根的固泥护坡作用，减轻池坡和堤埂的崩塌。整塘后，再用药物清塘。

三、配套设施

（一）增氧设备

溶氧是水产养殖的限制性因子。养殖过程中，一般放养密度较大，对水体溶解氧要求较高。因此，根据养殖规模和密度，应配备足够数量的增氧设施。尤其在高密度养殖情况下，增氧机对于提高养殖产量，增加养殖效益发挥着更大的作用。

常用的增氧设备包括叶轮式增氧机、水车式增氧机、射流式增氧机、吸入式增氧机、涡流式增氧机、增氧泵、微孔曝气装置等。随着养殖需求和增氧机技术的不断提高，许多新型的增氧机不断出现，如涌喷式增氧机、喷雾式增氧机等。

叶轮增氧机是通过电动机带动叶轮转动搅动水体，将空气和上层水面的氧气溶于水体中的一种增氧设备。叶轮增氧机具有增氧、搅水、曝气等综合作用，是采用最多的增氧设备。叶轮增氧机的推流方向是以增氧机为中心作圆周扩展运动的，比较适宜于短宽的鱼溏。叶轮增氧机的动力效率可达2千克氧气/千瓦时以上，一般养鱼池塘可按0.5～1千瓦/亩配备增氧机。

水车增氧机是利用两侧的叶片搅动水体表层的水，使之与空气增加接触而增加水体溶氧的一种增氧设备。水车增氧机的叶轮运动轨迹垂直于水平面，推流方向沿长度和宽度作直流运动和扩散，比较适宜于狭长鱼塘使用和需要形成池塘水流时使用。水车增氧机的最大特点是可以造成养殖池中的定向水流，便于满足特殊鱼类养殖需要和清理沉积物。其增氧动力效率可达1.5千克/千瓦时以上，每亩可按0.7千瓦的动力配备增氧机。

射流式增氧机也叫射流自吸式增氧机，是一种利用射流增加水体交换和溶氧的增氧设备。与其他增氧机相比，具有其结构简单、能形成水流和搅拌水体的特点。射流式增氧机的增氧动力效率可达1千克/千瓦时以上，并能使水体平缓地增氧，不损伤鱼体，适合鱼苗池增氧使用。缺点是设备价格相对较高，使用成本也较高。

涡流式增氧机由电机、空气压送器、空心管、排气桨叶和漂浮装置组成。电机轴为一空心管轴，直接与空气压送器和排气桨叶相通，可将空气送入中下层水中形成气水混合体，高速旋转形成涡流使上下层水交换。涡流式增氧机没有减速结构，自重小，没噪声，结构合理，增氧效率高。

**（二）投饵设备**

投饵设备是利用机械、电子、自动控制等原理制成的饲料投喂设备。投饵机具有提高投饵质量、节省时间、节省人力等特点，已成为水产养殖场重要的养殖设备。投饲机一般由四部分组成：料箱、下料装置、抛撒装置和控制器。下料装置一般有螺旋推进式、振动式、电磁铁下拉式、转盘定量式、抽屉式定量下料式等。目前应用较多的是自动定时定量投饲机。投饲机饲料抛撒一般使用电机带动转盘，靠离心力把饲料抛撒出去，抛撒面积可达到10～50平方米。也有不使用动力的抛撒装置、空气动力抛撒装置、水输送抛撒装置、离心抛撒装置等。

### （三）排灌机械

水泵是养殖场主要的排灌设备，水产养殖场使用的水泵种类主要有：轴流泵、离心泵、潜水泵、管道泵等。

水泵在水产养殖上不仅用于池塘的进排水、防洪排涝、水力输送等，在调节水位、水温、水体交换和增氧方面也有很大的作用。

养殖用水泵的型号、规格很多，选用时必须根据使用条件进行选择。轴流泵流量大，适合于扬程较低、输水量较大情况下使用。离心泵扬程较高，比较适合输水距离较远情况下使用。潜水泵安装使用方便，在输水量不是很大的情况下使用较为普遍。

选择水泵时一般应了解如下参数：

1. 流量（Q）的确定　流量是选择水泵时首先要考虑的问题，水泵的流量是根据养殖场（池塘）的需水量来确定的。

2. 扬程（H）的确定　水泵的扬程包括净扬程加上损失扬程等。净（实际）扬程是指进水池（渠道、湖泊、河流等）水面到出水管中心的最高处之间的高差，常用水准测量方法测定。损失扬程是很难测定的，一般损失扬程＝净扬程×0.25。在扬程低、水泵口径较小、管路较长时，可以大于0.25，反之小于0.25。在初选泵型时，水泵扬程可选择实际所需扬程的1.25倍。

### （四）电力配置

水产养殖场的正常生产需要稳定的电力供应，供电情况对养殖生产影响重大，应配备专用的变压器和配电线路，并备有应急发电设备，配备独立的变电、配电房，确保线路安全可靠。

水产养殖场的供电系统应包括以下部分：

1. 变压器　水产养殖场一般按每亩（1亩≈667平方米）0.75千瓦以上配备变压器，即100亩规模的养殖场需配备75千瓦的变压器。

2. 高、低压线路　其长度取决于养殖场的具体需要，高压线路一般采用架空线，低压线路尽量采用地埋电缆，以便于养殖生产。

3. 配电箱　主要负责控制增氧机、投饲机、水泵等设备，并留有一定数量的接口，便于增加电气设备。配电箱要符合野外安全要求，具有防水、防潮、防雷击等性能。水产养殖场配电箱的数量一般按照每两个相邻的池塘共用一个配电箱，如池塘较大较长，可配置多个配电箱。

4. 路灯　在养殖场主干道路两侧或辅道路旁应安装路灯，一般每30～50 米安装路灯一盏。

### 四、进排水设施

淡水池塘养殖场的进排水系统是养殖场的重要组成部分，进排水系统规划建设的好坏直接影响到养殖场的生产效果。养殖场进排水系统必须严格分开，以防自身污染。进排水系统由水泵站、进水口、源水处理设施、各类渠道、水闸、分水口、排水沟等部分组成。水产养殖场在选址时应首先选择有良好水源水质的地区，如果源水水质存在问题或阶段性不能满足养殖需要，应考虑建设源水处理设施，即蓄水池。进水水源经过蓄水池净化后进入养殖水体，进水口应高出水面，产生迭水，自动增加水体溶氧，进水口与排水口应对角设置，排水口高度应低于池底以能排干底层水为宜。养殖场的进排水渠道一般应与池塘交替排列，池塘的一侧进水另一侧排水，使得新水在池塘内有较长的流动混合时间。养殖废水必须经过处理后达标排放。进、排水口都要安装拦网，防止鱼类逃逸；进水口的拦网还有阻拦杂草、杂物和敌害生物进入的作用。设计规划养殖场的进排水系统还应充分考虑场地的具体地形条件，尽可能采取一级动力取水或排水，合理利用地势条件设计进排水自流形式，降低养殖成本。进排水系统设计好了既方便使用，还可具备防逃、集污、增氧和自动微调等功能。

#### （一）水泵站、自流进水

池塘养殖场一般都建有水泵站，泵站大小取决于装配泵的台数。根据养殖场规模和取水条件选择水泵类型和配备台数，并装备一定比例的备用泵，常用的水泵主要有轴流泵、离心泵、潜水泵等。

低洼地区或山区养殖场可利用地势条件设计水自流进池塘。如果外源水位变换较大，可考虑安装备用输水动力，在外源水位较低或缺乏时，作为池塘补充水需要。自流进水渠道一般采取明渠方式，根据水位高低变化选择进水渠道截面大小和渠道坡降，自流进水渠道的截面积一般比动力输水渠道要大一些。

### （二）源水处理设施

为了保证改善水质，可建进水处理池，即蓄水池。江河水、井水经过半日贮存和阳光照射，可减少温差，改善水质。一般建2个蓄水池，用以轮替交换供水，使蓄水有充足的时间沉淀、曝气、平衡水温，达到养殖用水的要求。水体中有害菌超标的还需安装杀菌装置或者使用臭氧杀菌消毒设施。紫外杀菌装置是利用紫外线杀灭水体中细菌的一种设备和设施，常用的有浸没式、过流式等。浸没式紫外杀菌装置结构简单，使用较多，其紫外线杀菌灯直接放在水中，既可用于流动的动态水，也可用于静态水。臭氧是一种极强的杀菌剂，具有强氧化能力，能够迅速广泛地杀灭水体中的多种微生物和致病菌。臭氧杀菌消毒设施一般由臭氧发生机、臭氧释放装置等组成。淡水养殖中臭氧杀菌的剂量一般为每立方水1～2克，臭氧浓度为0.1～0.3毫克/升，处理时间一般为5～10分钟。在臭氧杀菌之后，应去除水中残余的臭氧，以确保进入鱼池水中的臭氧低于0.003毫克/升的安全浓度。源水处理池一般建在养殖场的较高处，进水处理池的池底高于养殖池塘进水槽底部，并分别与进水槽以管道阀门相连通，需要换水时，开启阀门，即可自换流水。

### （三）进水渠道

进水渠道分为进水总渠、进水干渠、进水支渠等。进水总渠设进水总闸，总渠下设若干条干渠，干渠下设支渠，支渠连接池塘。总渠应按全场所需要的水流量设计，总渠承担一个养殖场的供水，干渠分管一个养殖区的供水。

### （四）进水闸门、管道

池塘进水一般是通过分水闸门控制水流通过输水管道进入池塘，分水闸门一般为凹槽插板的方式（如图2-5左图所示），很多地方采用预埋PVC弯头拔管方式控制池塘进水（如图2-5右图所示），这种方式防渗漏性能好，操作简单。

池塘进水管道一般用水泥预制管或PVC波纹管，较小的池塘也可以用PVC管或陶瓷管。池塘进水管的长度应根据护坡情况和养殖特点决定，一般在0.5～3米间。进水管太短，容易冲蚀塘埂；进水管太长，又不利于生产操作和成本控制。

池塘进水管的底部一般应与进水渠道底部平齐，渠道底部较高或池塘较低时，进水管可以低于进水渠道底部。进水管中心高度应高于池塘水面，以不超过池塘最高水位为好。进水管末端应安装口袋网，防止池

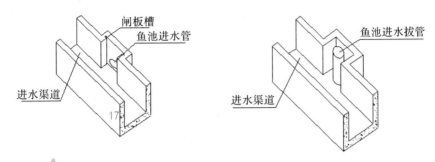

**图 2 - 5　池塘进水分水闸门示意图**

塘鱼类进入水管和杂物进入池塘。

**（五）排水井、闸门**

　　每个池塘一般设有一个排水井。排水口与进水口成对角位置，使鱼塘内无死水角。排水口直径比进水口直径略大，以使池内进排水时形成微水流。排水井采用闸板控制水流排放，也可采用闸门或拔管方式进行控制。拔管排水方式易操作，防渗漏效果好。排水井一般为水泥砖砌结构，有拦网、闸板等凹槽（如图 2 - 6 所示）。

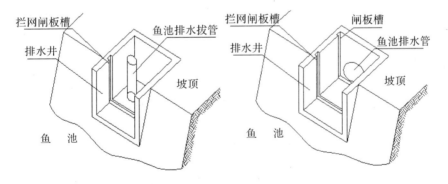

**图 2 - 6　池塘排水井、闸门示意图**

　　排水井的深度一般应到池塘的底部，以排干池塘水为宜。有的地区由于外部水位较高或建设成本等问题，排水井建在池塘的中间部位，只排放池塘 50% 左右的水，其余的水需要靠动力提升，排水井的深度一般不应高于池塘中间部位。

**（六）排水渠道**

　　排水渠道分为排水支渠、排水干渠、排水总渠等。池塘养殖废水由养殖排水支渠汇集到排水干渠，若干排水干渠汇集到排水总渠，排水总渠的末端应建设排水闸。

### （七）污水处理池

水产健康养殖场应建造污水处理池，即净化池，可减少养殖废水对周围环境的污染以及防止污染养殖场本身的水质。污水处理池一般建在较低处，便于排水。建好净化池后，定期往水中投放微生态制剂，这样养殖废水的水质能得到有效改善。一般可在养殖废水净化池中种植水生植物，用于净化养殖水体。利用鱼类的粪便等有机肥培养水生植物，既能改善池塘水质，还能美化环境。池中种植莲藕、茭白、菱角等经济植物，还能创造经济价值，实现物质的循环利用。

## 五、基础设施标准化建设

水产养殖场应按照生产规模、要求等建设一定比例的生产、生活、办公等建筑物。建筑物的外观形式应做到协调一致、整齐美观。生产、办公用房应按类集中布局，尽可能设在水产养殖场中心或交通便捷的地方。生活用房可以集中布局，也可以分散布局。水产养殖场建筑物的占地面积一般不超过养殖场土地面积的 0.5%。设置适当宽度的道路，保证生产运输，有条件的可以设门卫室、围墙等保障生产、生活安全。

### （一）办公、生活房屋

水产养殖场一般应建设生产办公楼、生活宿舍、食堂等建筑物。生产办公楼的面积应根据养殖场规模和办公人数决定，适当留有余地，一般以 1 米²/亩的比例配置为宜。办公楼内一般应设置管理、技术、财务、接待办公室等，实验室和档案室一般也设置在办公楼内。

### （二）实验室

配套实验室 2~3 间，配备显微镜、解剖镜、多功能水质分析仪、温度计、pH 值计、高压灭菌锅、培养箱、无菌操作台等相关仪器、设备，进行养殖水质常规分析和鱼病检测。

### （三）档案室

生产管理档案室，用于保存相关的生产和技术档案资料，档案室面积 12~15 平方米，并配备必要的档案柜、干湿度计和吸湿机等设备。

### （四）库房

水产养殖场应建设满足养殖场需要的渔具仓库、饲料仓库和药品仓库。库房面积根据养殖场的规模和生产特点决定。库房建设应满足防潮、防盗、通风等功能。

渔具仓库应保持干净整洁，渔具分类分区摆放。存放饲料的仓库应保持清洁干燥，通风良好。配备药品专用仓库，主要用于鱼药的保管和配制。

### （五）值班房屋

水产养殖场应根据场区特点和生产需要建设一定数量的值班房屋。值班房屋兼有生活、仓储等功能。值班房的面积一般为 30～80 平方米。

### （六）垃圾收集设施

水产养殖场的生活区、办公区、生产区要建设垃圾集中收集设施。水产养殖场的垃圾要定期集中收集处理，垃圾分类存放，可降解有机垃圾应经发酵池发酵后循环利用，废塑料、废五金、废电池等不可降解垃圾应分类存放，集中回收。

### （七）道路

养殖场的道路是货物进出和交通的通道，建设时应考虑较大型车辆的进出，尽量做到货物车辆可以到达每个池塘，以满足池塘养殖生产的需要。

养殖场道路包括主干道、副干道、生产道路等。养殖场主干道一般净宽 4 米以上，采用水泥或柏油铺设路面。主干道路两侧应绿化并配置安装路灯。副干道一般宽 3 米以上，水泥或碎石路面，两侧安装路灯，以满足生产车辆通行。

### （八）大门、门卫房

水产养殖场一般应建设大门和门卫房。大门要根据养殖场总体布局特点建设，做到简洁、实用。大门内侧一般应建设水产养殖场标示牌。标示牌内容包括水产养殖场介绍、养殖场布局、养殖品种、池塘编号等。养殖场门卫房应与场区建筑协调一致，一般在 20～50 平方米。

### （九）围护设施

水产养殖场应充分利用周边的沟渠、河流等构建围护屏障，以保障场区的生产、生活安全。根据需要可在场区四周建设围墙、围栏等防护设施，有条件的养殖场还可以建设远红外监视设备。

## 第三节　水产健康养殖示范场的创建标准

20 世纪 90 年代以来，随着水产养殖规模化、集约化的快速发展，养殖病害越来越严重，在如何既有效防治病害又能减少药物使用量的实践过程中，健康养殖的理念应运而生，并总结出一整套健康养殖技术措施。2003 年农业部发布《水产养殖质量安全管理规定》，首次对健康养殖的基本概念做了界定。从 2006 年开始农业部在全国范围组织创建水产健康养殖示范场活动。截至 2016 年底，创建活动已开展 11 期，创建健康养殖示范场累计达到 6000 余家，养殖面积 2000 多万亩。

一、农业部水产健康养殖示范场创建标准（2016 年版）

按照健康养殖示范场建设的思路，示范场建设重点要抓好生产条件标准化、生产操作标准化和生产管理制度化创建。实现水产养殖节能、环保、安全、高效要求，为稳产、高产、优产打下良好基础。生产条件标准化即养殖池塘、机械设备、环保措施和水电路等配套齐全；场区环境整洁，清洁生产，废水达标排放。生产操作标准化：严格执行相关标准和技术操作规范，杜绝禁用药物和有毒有害物质的使用。生产管理制度化即建立健全以养殖生产、用药和销售"三项记录"为重点的质量安全管理制度。

（一）必备资质和规模

（1）申报单位持有效新版"水域滩涂养殖证"或"不动产权证书"（登记养殖水域、滩涂），或可证明其水域、滩涂的承包经营权、使用权的其他权证。

（2）申报单位主体为集体经济组织、农民专业合作社、家庭渔场和企业等具有独立法人资格的单位（有完备的资质证明），非渔业行政主管部门及渔政监督管理机构，非其他行政管理部门。

（3）以池塘养殖为主的申报单位的养殖池塘面积在 100 亩（西部地区 50 亩）以上，水产品年产量 60 吨（西部地区 30 吨）以上。工厂化养殖水面面积 2000 平方米以上，并具有循环水处理设施或设备。其他养殖方式面积和产量申报标准由省级渔业部门自行确定。超高密度池塘养殖、近海普通网箱养殖、大水面投饵网箱养殖等养殖方式原则上不再受理其申报。

**（二）生产条件和装备**

（1）场区内环境整洁，进排水渠分设且无淤积，电力容量满足生产需求，道路平整通畅；养殖生产设施能定期改造维护，现状良好，符合健康养殖的要求。配备必要的水质检测、病害诊断等仪器设备；投饵机、增氧机等基本养殖设备配置完备，维护良好，使用正常。

（2）养殖用水符合无公害水产养殖用水标准，水源无污染源，且定期进行监测；养殖废水应当经监测达到《淡水池塘养殖水排放要求》（SCT9101—2007）和《海水养殖水排放要求》（SCT9103—2007）等排放标准；具有养殖用水预处理和废水净化处理设备或设施且正常使用，有效防控污染。

**（三）生产操作和管理**

（1）根据本场实际确定健康养殖模式，制定生产操作规范，并严格执行。

（2）建立苗种、饲料、兽药等生产投入品采购、保管和使用规章制度；采购的苗种、饲料、兽药等来源于合法生产企业，购入或销售水产苗种应经产地检疫，有"动物检疫合格证"，对外销售苗种的单位应持有"水产苗种生产许可证"，并按照《饲料和饲料添加剂管理条例》、《兽药管理条例》规定使用符合国家标准的饲料和兽药，无使用禁用药品行为，前5年（含本年度）药残抽检结果全部合格（未被抽检年份视同合格）。使用配合饲料，不得用冰鲜（冻）饵料直接投喂。

（3）建立"水产养殖生产记录"、"水产养殖用药记录"和"水产品销售记录"，按时认真填写，记录内容详细完整准确并妥善保管。

（4）内部管理制度健全，张贴重要的管理制度、技术规程等，定期对职工或成员进行健康养殖和质量安全教育培训。取得职业资格证书的技术操作工人应占工人总数的15%以上。

（5）逐步建立产品可追溯制度，销售养殖水产品应附具产品标签；鼓励养殖产品获得无公害农产品或绿色食品或有机农产品认证。

**（四）辐射带动作用**

（1）养殖综合生产效率高于当地同方式同品种的水平，渔民年人均收入高于当地其他渔民，养殖节能减排成效显著。具有中级职称以上专业技术人员，有水产科研机构作为技术依托单位，生产科研水平较高。

（2）积极主动为周边养殖户提供健康养殖技术咨询和培训服务。至少联系和示范带动周边养殖渔民50户以上，对联系户每年举办1~2期培训班，提高周边养殖渔民对健康养殖的认知程度和操作技能，在周边养殖户中有良好形象。

## 二、农业部水产健康养殖示范场评分表（2016 年版）

根据上述创建标准，制定了相应的评分表，评分表分为一票否决项（5 项）和评分项（50 项）。一票否决项主要包括持证养殖、申报主体、养殖规模、药残记录、环保达标等必备的资质和规模。50 个评分项中强制性考核项目 35 项，主要包括生产条件标准化、生产操作规范化、生产管理制度化、示范辐射规模化等方面，进一步细化项目，并评定相应分值。推荐性考核项目 15 项，具体见表 2-2。

表 2-2　　　　　农业部水产健康养殖示范场评分表（2016 年版）

| 单位名称<br>（工商注册全称） | （此栏请务必核对后填写清楚） | 单位<br>公章 | （无公章此表无效） |
|---|---|---|---|
| 一票否决 5 项（不合格的在右侧空格内画"×"） | | | |
| 1. 申报单位持有效新版"水域滩涂养殖证"或"不动产权证书"（登记养殖水域、滩涂），或可证明其水域、滩涂的承包经营权、使用权的其他权证 | | | |
| 2. 申报单位主体为集体经济组织、合作社、家庭渔场和企业等具有独立法人资格的单位（有完备的资质证明），非渔业行政主管部门及渔政监督管理机构，非其他行政管理部门 | | | |
| 3. 以池塘类型养殖池塘面积在 100 亩（西部地区 50 亩）以上，水产品年产量 60 吨（西部地区 30 吨）以上。工厂化养殖水面面积 2000 平方米以上 | | | |
| 4. 前 5 年（含本年度）药残抽检结果合格（未被抽检年份视同合格），无使用禁用药品行为。苗种生产单位是持有效的"水产苗种生产许可证"（非苗种生产单位不考核此项） | | | |
| 5. 具有废水净化处理设施或设备且正常使用，有效防控污染 | | | |
| 如无一票否决项则填写以下评分项（强制性 35 项）和加分项（推荐性 15 项） | | | |

| 考核<br>体系 | | 具体考核项目 | 分值 | 得分 |
|---|---|---|---|---|
| 生产条件标准化 | 评分项 | 1. 场区环境整洁，进排水系统分开 | 3 | |
| | | 2. 用水水源符合农业部《无公害食品海水养殖用水水质》或《无公害食品淡水养殖用水水质》等标准 | 3 | |
| | | 3. 工厂化类型具有循环用水设施或设备，其他类型的池塘、厂房、网箱等生产设施齐备 | 3 | |

续表1

| | | | | |
|---|---|---|---|---|
| 生产条件标准化 | 评分项 | 4. 生产设施能定期改造维护，现状良好，符合健康养殖的要求 | 3 | |
| | | 5. 生产用电力设施完备，电力容量能满足生产需求 | 3 | |
| | | 6. 场区内道路平整通畅，运输车辆通行无碍 | 3 | |
| | | 7. 定期进行养殖用水水质监测，废水达标排放 | 3 | |
| | | 8. 配备简易病害诊断仪器设备 | 3 | |
| | | 9. 投饵机、增氧机等基本养殖设备齐备且维护良好 | 3 | |
| | 加分项 | 1. 具有配套生产生活垃圾集中处理 | 1 | |
| | | 2. 场区内道路硬化 | 1 | |
| | | 3. 配备水质检测仪器设备 | 1 | |
| | | 4. 配备病害在线诊断系统 | 1 | |
| | | 5. 具有养殖用水预处理设备或设施且正常使用 | 1 | |
| 生产操作规范化 | 评分项 | 1. 根据本场实际确定健康养殖模式，进行生态养殖，科学防病 | 3 | |
| | | 2. 制定养殖品种或苗种生产操作规范，并严格执行 | 3 | |
| | | 3. 水产苗种来源于合法企业，符合国家或地方质量标准 | 3 | |
| | | 4. 饲料来源于合法企业的正规产品，不使用变质和过期饲料 | 3 | |
| | | 5. 兽药来源于合法企业的正规产品，不直接用原料药 | 3 | |
| | | 6. 使用饲料符合《饲料和饲料添加剂管理条例》和农业部《无公害食品鱼用饲料安全限量》 | 3 | |
| | | 7. 使用兽药应当符合《兽药管理条例》和《无公害食品鱼药使用准则》 | 3 | |
| | 加分项 | 1. 全部使用配合饲料，不直接投喂冰鲜（冻）饵料 | 1 | |
| | | 2. 使用水质改良剂、微生态制剂进行水质调控 | 1 | |
| | | 3. 使用高效、低毒、低残留鱼用兽药或全过程不使用药品 | 1 | |
| | | 4. 自行开展水产苗种药残和疫病抽检 | 1 | |

续表 2

| | | | | |
|---|---|---|---|---|
| 生产管理制度化 | 评分项 | 1. 建立苗种、饲料、兽药等生产投入品采购、保管和使用规章制度 | 3 | |
| | | 2. 购入或销售水产苗种经产地检疫，有"动物检疫合格证" | 3 | |
| | | 3. 填写"水产养殖生产记录"，按时记载，内容详细完整准确 | 3 | |
| | | 4. 填写"水产养殖用药记录"，按时记载，内容详细完整准确 | 3 | |
| | | 5. "水产养殖生产记录"、"水产养殖用药记录"保存至售后 2 年以上 | 2 | |
| | | 6. 填写"水产品销售记录"，按时记载，内容详细完整准确 | 2 | |
| | | 7. 销售水产品附具产品标签，内容详细完整准确 | 2 | |
| | | 8. 企业内部管理制度健全，张贴重要的管理制度 | 2 | |
| | | 9. 定期对职工或成员进行健康养殖和质量安全教育培训 | 2 | |
| | | 10. 取得职业资格证书的技术操作工人应占工人总数 15%以上 | 3 | |
| | | 11. 获得无公害农产品产地认定，且在有效期内 | 3 | |
| | | 12. 养殖产品获得无公害农产品认证，且在有效期内 | 2 | |
| | 加分项 | 1. 养殖产品获得绿色食品或有机食品认证 | 1 | |
| | | 2. 养殖产品生产流程实现可追溯 | 1 | |
| | | 3. 制定养殖水产品的企业标准或规范 | 1 | |
| | | 4. 通过 ISO9001 等标准化认证，具有较高的规范管理水平 | 1 | |
| 示范辐射规模化 | 评分项 | 1. 积极主动为周边养殖户提供健康养殖技术咨询和培训服务 | 3 | |
| | | 2. 至少联系和示范带动周边养殖渔民 50 户以上，提高健康养殖技能 | 3 | |
| | | 3. 每年对联系户举办 1～2 期培训班，培训 150 人次以上 | 3 | |
| | | 4. 养殖综合生产效率高于当地同方式同品种的养殖水平 | 2 | |

续表3

| | | | | |
|---|---|---|---|---|
| 示范辐射规模化 | 评分项 | 5. 渔民年人均收入高于当地渔民年人均收入 | 2 | |
| | | 6. 养殖节能减排成效显著，示范效果突出 | 2 | |
| | | 7. 有水产科研机构作为技术依托单位，生产科研水平较高 | 2 | |
| | 加分项 | 1. 具有中级职称以上专业技术人员，深入周边养殖场开展技术服务50次以上 | 1 | |
| | | 2. 被评为省级以上产业化龙头企业 | 1 | |
| 合　计 | | | 110 | |

| 验收（复查）工作组成员签名及信息 | 姓名 | | 单位 | | 职务 | |
|---|---|---|---|---|---|---|
| | 姓名 | | 单位 | | 职务 | |
| | 姓名 | | 单位 | | 职务 | |
| | 姓名 | | 单位 | | 职务 | |
| | 姓名 | | 单位 | | 职务 | |

| 省级渔业主管部门验收（复查）意见 | （省级渔业主管部门公章）<br>年　月　日 |
|---|---|

注：此表请双面打印后填写，该表样式在中国渔业政务网（www.cnfm.gov.cn）下载。

# 第三章　淡水鱼亲本培育技术规范

## 第一节　养殖品种亲本选择标准

### 一、亲本来源

1. 江河水域中的天然苗种或持有国家发放的原种生产许可证的原种场的苗种，经专门培育成亲鱼。

2. 从青鱼、草鱼、鲢鱼、鳙鱼、鲤鱼、鲫鱼、团头鲂天然种质资源库或江河、水库、湖等未经人工放养的天然水域择优收集的食用鱼培育成亲鱼。

3. 严禁近亲繁殖的后代用作亲鱼，以防近交衰退。一般生产单位（非原种场）繁殖的雌、雄鱼不得同时留作本单位的亲鱼。

4. 应每隔6～10年引进原种，培育成亲鱼。

### 二、外部形态

鱼体应体质健壮，无疾病，无畸形、缺陷。

### 三、繁殖年龄和体重

初次性成熟的青鱼、草鱼、鲢鱼、鳙鱼、鲤鱼、鲫鱼、鲂不得用作人工繁殖的亲鱼。青鱼、草鱼、鲢鱼、鳙鱼、鲤鱼、鲫鱼、鲂的性成熟年龄、允许繁殖的最小年龄和最小体重分别见表3-1、表3-2、表3-3、表3-4、表3-5、表3-6、表3-7。

表 3－1　　　　青鱼性成熟年龄、允许繁殖的最小年龄和最小体重

| 流域 | 青鱼性别 | 性成熟年龄（以足龄表示） | 允许繁殖的最小年龄（以足龄表示） | 允许繁殖的最小体重（千克） |
|---|---|---|---|---|
| 珠江流域 | 雌 | 5 | 6 | 13 |
| | 雄 | 4 | 5 | 10 |
| 长江流域 | 雌 | 6 | 7 | 15 |
| | 雄 | 5 | 6 | 13 |

表 3－2　　　　草鱼性成熟年龄、允许繁殖的最小年龄和最小体重

| 流域 | 草鱼性别 | 性成熟年龄（以足龄表示） | 允许繁殖的最小年龄（以足龄表示） | 允许繁殖的最小体重（千克） |
|---|---|---|---|---|
| 珠江流域 | 雌 | 4 | 5 | 6 |
| | 雄 | 3 | 4 | 5 |
| 长江流域 | 雌 | 4 | 5 | 7 |
| | 雄 | 3 | 4 | 5 |
| 黄河流域 | 雌 | 5 | 6 | 8 |
| | 雄 | 4 | 5 | 6 |
| 黑龙江流域 | 雌 | 6 | 7 | 8 |
| | 雄 | 5 | 6 | 6 |

表 3－3　　　　鲢鱼性成熟年龄、允许繁殖的最小年龄和最小体重

| 流域 | 鲢鱼性别 | 性成熟年龄（以足龄表示） | 允许繁殖的最小年龄（以足龄表示） | 允许繁殖的最小体重（千克） |
|---|---|---|---|---|
| 珠江流域 | 雌 | 3 | 4 | 4 |
| | 雄 | 2 | 3 | 3 |
| 长江流域 | 雌 | 3 | 4 | 5 |
| | 雄 | 2 | 3 | 3 |
| 黄河流域 | 雌 | 4 | 5 | 5 |
| | 雄 | 3 | 4 | 3 |
| 黑龙江流域 | 雌 | 4 | 5 | 5 |
| | 雄 | 3 | 4 | 3 |

表 3-4    鳙鱼性成熟年龄、允许繁殖的最小年龄和最小体重

| 流域 | 鳙鱼性别 | 性成熟年龄（以足龄表示） | 允许繁殖的最小年龄（以足龄表示） | 允许繁殖的最小体重（千克） |
|------|------|------|------|------|
| 珠江流域 | 雌 | 4 | 5 | 8 |
|  | 雄 | 3 | 4 | 8 |
| 长江流域 | 雌 | 5 | 6 | 10 |
|  | 雄 | 4 | 5 | 8 |
| 黄河流域 | 雌 | 6 | 7 | 10 |
|  | 雄 | 5 | 6 | 8 |
| 黑龙江流域 | 雌 | 7 | 8 | 13 |
|  | 雄 | 6 | 7 | 8 |

表 3-5    鲤鱼性成熟年龄、允许繁殖的最小年龄和最小体重

| 鲤鱼性别 | 性成熟年龄（以足龄表示） | 允许繁殖的最小年龄（以足龄表示） | 允许繁殖的最小体重（千克） |
|------|------|------|------|
| 雌 | 2 | 3 | 1.5 |
| 雄 | 1 | 2 | 1 |

表 3-6    鲫鱼性成熟年龄、允许繁殖的最小年龄和最小体重

| 流域 | 鲫鱼性别 | 性成熟年龄（以足龄表示） | 允许繁殖的最小年龄（以足龄表示） | 允许繁殖的最小体重（克） |
|------|------|------|------|------|
| 珠江流域 | 雌 | 1 | 2 | 150 |
|  | 雄 | 1 | 2 | 100 |
| 长江流域 | 雌 | 1 | 2 | 150 |
|  | 雄 | 1 | 2 | 100 |
| 黄河流域 | 雌 | 2 | 3 | 300 |
|  | 雄 | 2 | 3 | 250 |
| 黑龙江流域 | 雌 | 2 | 3 | 300 |
|  | 雄 | 2 | 3 | 250 |

**表 3 - 7　　　　　鲂鱼性成熟年龄、允许繁殖的最小年龄和最小体重**

| 鲂鱼性别 | 性成熟年龄（以足龄表示） | 允许繁殖的最小年龄（以足龄表示） | 允许繁殖的最小体重（克） |
|---|---|---|---|
| 雌 | 2 | 3 | 450 |
| 雄 | 2 | 3 | 400 |

## 四、使用年限

青鱼亲鱼使用到 20 足龄。

草鱼亲鱼珠江流域、长江流域使用到 14 足龄，黄河流域使用到 15 足龄，黑龙江流域使用到 16 足龄。

鲢亲鱼珠江流域、长江流域使用到 12 足龄，黄河流域、黑龙江流域使用到 14 足龄。

鳙亲鱼使用到 15 足龄。

鲤亲鱼使用到 8 足龄。鲫亲鱼使用到 5 足龄，鲂亲鱼使用到 7 足龄。

# 第二节　大宗淡水鱼新品种介绍

## 一、长丰鲢

长丰鲢是中国水产科学研究院长江水产研究所采用人工雌核发育、分子标记辅助和群体选育相结合的综合育种技术培育出的四大家鱼中第一个新品种，也是国家大宗淡水鱼类产业技术体系重点推广品种之一。

形态特征　长丰鲢外形特征跟普通白鲢基本一致，头较大，眼睛位置很低，体形侧扁、稍高、呈纺锤形，背部青灰色，两侧及腹部白色，鳞片细小，腹部正中角质棱自胸鳍下方延至肛门，胸鳍不超过腹鳍基部，各鳍色灰白。相比普通白鲢，长丰鲢体型较短，较肥厚、粗壮。

品种优势　相比其他鲢鱼品种，长丰鲢具有生长速度快（二龄鱼体重增长平均比普通鲢快 13.3%～17.9%，三龄鱼体重增长平均比普通鲢快 20.5%）、体形高且整齐、遗传性状稳定、产量高（16.4% 以上）、肌间刺少、烹饪容易等特点。

长丰鲢的最适宜养殖地区为华中、华东、华北、华南、西南等地区，适合在全国范围内的淡水可控水体中养殖，长丰鲢已在湖北、湖南、安徽、四川、重庆、陕西、宁夏等 8 个省市养殖推广。

## 二、津鲢

品种来源：1957 年由长江原种白鲢 1000 尾培育成亲本，然后以这批鱼为原代，逐代繁殖和选育，历经 40 余年的选育，于 2001 年选育到 F6，定名为津鲢。

特征特性：津鲢体形较侧扁、较高，侧线完全，侧线鳞 96～107 枚，体银白色，背灰色，适应性强，繁殖力比长江白鲢高 30.7%～157.2%，生长速度比长江白鲢快 10.16%～13.15%，含肉率为 51.19%～65.38%，是池塘水域优良的养殖品种。

养殖要点：

（1）苗种培育：亩放鱼苗（水花）200 万～300 万尾，经 15～20 天培育育成 15.0～26.4 毫米体质健壮、规格整齐的夏花 120 万～180 万尾。

（2）鱼种培育：鲤鲫鱼鱼种池（亩放养 10000 尾）亩套养夏花鱼种 1200～1500 尾，注重水质调节，越冬前尾均重可达 200～300 克。

（3）成鱼饲养：池塘面积 10 亩为宜，鲤鲫鱼成鱼池（亩放养 800～1000 尾）亩套养春片鱼种 250～300 尾，注重水质调节，保持水质肥、活、嫩、爽，出池尾均重为 1200～1600 克。

适宜区域：适宜在我国北方地区淡水水域中养殖。

技术依托单位：天津市换新水产良种场。

## 三、松浦镜鲤

松浦镜鲤由黑龙江水产研究所主持，哈尔滨市水产研究所、嫩江水产研究所协作共同研制的新品种。松浦镜鲤的优良性状主要表现如下：

1. 抗寒性强。松浦镜鲤的自然越冬成活率 1 龄鱼为 97.1%，2 龄鱼为 100%，达到了黑龙江野鲤的水平。

2. 个体生长快，群体产量高。松浦镜鲤一龄鱼比荷包红鲤和黑龙江野鲤平均快 70%，二龄鱼快 50% 以上。

3. 饲养成活率高，很少患病。松蒲镜鲤鳞片紧凑，1 龄、2 龄鱼饲养成活率均达到 95% 以上。

4. 起捕率高。在春秋两季捕捞时，两网起捕可达 65% 以上。

5. 遗传性稳定。松浦镜鲤为青灰色、全鳞，在自交后代中体色、鳞被都不分离，已形成稳定遗传。

6. 含肉率：松浦镜鲤含肉率为62.81%，散鳞镜鲤为64.29%，德国镜鲤为55.71%。松浦镜鲤含肉率比德国镜鲤高7.1%，但低于散鳞镜鲤，介于双亲之间。松浦镜鲤肌肉的蛋白质、脂肪含量都高于亲本，而水分含量低于亲本。

### 四、福瑞鲤

中国水产科学研究院淡水渔业研究中心以建鲤和野生黄河鲤为原始亲本进行杂交，通过1代群体选育和连续4代家系选育后获得的鲤鱼新品种，2011年获得国家农业部水产新品种证书。

福瑞鲤体梭形，背较高，体较宽，头较小；口亚下位，呈马蹄形，上颌包着下颌，吻圆钝，能伸缩；全身覆盖较大的圆鳞；体色随栖息环境不同而有所变化，通常背部青灰色，腹部较淡，泛白；臀鳍和尾鳍下叶带有橙红色。

福瑞鲤的生长性状良好，同其他鲤养殖品种相比，福瑞鲤具有生长快（比普通鲤鱼提高20%以上，比建鲤提高13.4%）、体形好（体长/体高约3.65）、饲料转化率高（饵料系数在1左右）、适应能力强和遗传性状稳定等特点。适合池塘、网箱等多种养殖方式。

### 五、芙蓉鲤鲫

芙蓉鲤鲫是湖南省水产科学研究所和湖南鳜鱼原种场运用鲤鱼品种杂交、系统选育的新型杂交品种。

其体色灰黄，体形侧扁，背部较普通鲫高且厚，全身鳞片紧密，体长为体高的2.28～2.84倍。以散鳞镜鲤、兴国红鲤和红鲫为杂交原种，采用群体繁殖混合选育技术，鲤鱼选育3代以上，红鲫选育6代以上。经过选育的亲本，性状稳定，体形一致，变异系数低。

生长优势：同池养殖对比试验表明，当年鱼种芙蓉鲤鲫生长速度比双亲平均快17.8%，比父本红鲫快102.4%，为母本芙蓉鲤的83.2%；2龄芙蓉鲤鲫生长速度比双亲平均快56.9%，比父本红鲫快7.8倍，为母本芙蓉鲤的86.2%；3龄芙蓉鲤鲫生长速度比双亲平均快54.1%，比父本红鲫快7.6倍，为母本芙蓉鲤的84.5%。芙蓉鲤鲫生长速度比湘鲫快23%，比彭泽鲫快57.1%，比银鲫快34.8%。

芙蓉鲤鲫食性杂，适应性广，耐氧、耐脱磷充血和受伤感染，因而耐操作运输，适合在高温季节捕"热水鱼"，活鱼进行长途运输，成活率提高 10% 以上。

## 六、湘云鲫

湘云鲫是由湖南师范大学生命科学院刘筠院士为首的课题组，应用细胞工程技术和有性杂交相结合的方法，经过多年的潜心研究培育出来的三倍体新型鱼类。自身不能繁育，可在任何淡水渔业水域进行养殖，不会造成其它鲫、鲤鱼品种资源混杂，也不会出现繁殖过量导致商品鱼质量下降。

湘云鲫生长速度比普通鲫鱼品种快 3～5 倍，当年鱼苗最大生长个体可达 0.75 千克；肉质细嫩，营养价值高，其蛋白质含量比其他普通鲫鱼高 10% 以上。

该鱼适宜在池塘、湖泊、水库、稻田和网箱中养殖。一般池塘条件下，混养每亩可产 60～100 千克，单养每亩可产鱼 500～800 千克。网箱养殖每平方米可净产 50～90 千克。

## 七、彭泽鲫

彭泽鲫是江西省水产研究所和九江市水产研究所从野生彭泽鲫中，自 1983 年起经 7 年多 6 代的精心选育筛选，为我国第一个直接从三倍体野生鲫中选育出的优良养殖新品种。

经选育后的彭泽鲫生产性能发生明显改观，生长速度比选育前快 50%，比普通鲫的生长速度快 249.8%。在自然水域中，彭泽鲫以当年生长最快，体重可达 128 克，第二年体重增长为上年增长速度的 50%。在人工养殖下，北方地区当年可达 150 克，南方地区可达 200 克。

## 八、"中科 3 号"异育银鲫

"中科 3 号"异育银鲫是中国科学院水生生物研究所淡水生态与生物技术国家重点实验室桂建芳研究员等培育出来的异育银鲫新品种。它是在鉴定出可区分银鲫不同克隆系的分子标记，证实银鲫同时存在雌核生殖和有性生殖双重生殖方式的基础上，利用银鲫双重生殖方式，从高体型（D系）银鲫（♀）与平背形（A系）银鲫（♂）交配所产后代中筛选出少数优良个体，再经异精雌核发育增殖，经多代生长对比养殖试验评价培育出来的。该品种已获全国水产新品种证书，品种登记号为 GS-01-002-2007。

生长对比试验结果显示："中科 3 号"异育银鲫生长速度快，碘泡虫病发病率低；1 龄异育银鲫"中科 3 号"比高体型异育银鲫生长平均快28.43％；2 龄"中科 3 号"异育银鲫比高体型异育银鲫生长快 18.0％；3龄"中科 3 号"异育银鲫比高体型异育银鲫生长快 34.4％。

2006 年至 2007 年异育银鲫"中科 3 号"已在多个省市试养过万亩，已得到养殖用户的高度评价，取得了良好的经济效益。与普通异育银鲫相比，"中科 3 号"具有如下优点：（1）生长速度快，比高背鲫生长快13.7％～34.4％，出肉率高 6％以上；（2）遗传性状稳定；（3）体色银黑，鳞片紧密，不易脱鳞；（4）寄生于肝脏造成肝囊肿死亡的碘泡虫病发病率低。

### 九、"浦江 1 号"团头鲂

品种来源：1986 年以来，以湖北省淤泥湖的团头鲂原种为基础群体，采用传统的群体选育方法，经过十几年的努力，1998 年获得第 6 代。1999 年亲鱼生产数量 1000 组，后备亲鱼 1000 组，生产良种鱼苗 1.3 亿尾，已推广到上海、江苏和北京等地。2000 年通过全国水产原种和良种审定委员会审定。

特征特性：经过十几年人工定向选育的"浦江 1 号"团头鲂，遗传性状稳定，具有个体大、生长快和适应性广等优良性状。

产量表现：生长速度比淤泥湖原种提高 20％。在我国东北佳木斯、齐齐哈尔等地区，第 2 年都能长到 500 克以上，比原来养殖的团头鲂品种，在同样的条件下增加体重 200 克。池塘养殖平均亩产 500 千克以上。

适宜区域：适于全国可控的淡水养殖水域。

培育单位：上海市松江区水产良种场。

## 第三节　亲本培育操作技术

### 一、培育池条件

#### （一）面积、位置

水源条件好，无污染，水质清新，进排水系统完善，排灌方便。阳光充足，距产卵池、孵化场不能太远。培育池面积一般为 1333～2667 平方米，长方形为好，池底平坦，便于管理和捕捞。草、青鱼亲鱼池的池底最好无淤泥。

### (二) 水深、水质

培育池的水深,常年保持 1.5～2.5 米。我国北方寒冷地区,人工繁殖前,可采取降低水位的方法提高水温。培育池的水质应符合 GB11607 的规定,晴天中午池水的透明度应保持在 30 厘米。

### (三) 修整、清池

一般每年早春清整池塘 1 次,按常规方法处理即可,主要是清除过多的淤泥,平整加固池埂。培育池要进行消毒、清除野杂鱼、杀灭病原体等。

## 二、亲鱼放养

### (一) 放养时间

人工繁殖前,应制定池塘的清理、亲鱼周转和放养计划,使产后亲鱼及时按计划定池放养。如需调整宜在秋冬季节或早春季节,水温 10 ℃左右时进行,此温度下,亲鱼的活动力小、鳞片紧,鱼体不易受伤,惊扰程度小、过程短,分池后亲鱼极易恢复,有利于亲鱼的性腺发育和转化。

### (二) 放养密度

亲鱼放养的密度不宜过大,以重量计算,每亩放养 100～125 千克。一般主养一种亲鱼,搭配少量其他亲鱼,以充分利用池塘的生物饵料,草鱼和鲂类有清除杂草、使水质肥沃的作用。任何一种亲鱼池中不宜搭养鱼种,否则会互相争夺饲料和氧气,影响亲鱼性腺发育。亲鱼的放养密度可参考以下标准:

1. 青鱼。主养青鱼的池塘,每亩可放养 10～15 尾 (总重 200～250 千克),另搭配饲养鲢亲鱼 8～10 尾或鳙亲鱼 4～5 尾。

2. 草鱼。主养草鱼亲鱼的池塘,每亩可放养 15～20 尾 (总重 125 千克左右),可搭配饲养鲢亲鱼 5～10 尾,鳙亲鱼 1～2 尾,池内螺蛳多时,可搭养青鱼 2～3 尾。

3. 鲢鱼。主养鲢亲鱼的池塘,每亩可放养 15～25 尾 (总重 60～100 千克),可搭配饲养鳙亲鱼 2～3 尾,池内水草多时可搭养草亲鱼 2～3 尾或后备草亲鱼 10～15 尾。

4. 鳙鱼。主养鳙亲鱼的池塘,每亩可放养 10～15 尾 (总重 75～125 千克),另可搭配饲养鲢亲鱼 1～2 尾 (或不搭养),池内水草多时搭养草亲鱼 2～4 尾（每尾 10 千克左右）或后备亲鱼 10～15 尾。

5. 鲫鱼。主养鲫鱼亲鱼的池塘，每亩可放养 150～200 千克。

6. 鲤鱼。主养鲤亲鱼的池塘，每亩可放养 100～150 千克，也可以混养少数鲢、鳙鱼，以控制浮游生物的过量繁殖。

7. 团头鲂。主养团头鲂亲鱼的池塘，每亩可放养 200～300 尾。

### 三、施肥与投饲

#### （一）施肥

鲢、鳙鱼以浮游生物为饵，通过施肥，促使浮游生物大量繁殖，以满足其营养需求，促进性腺发育。主养鲢、鳙亲鱼的池塘，不论早春还是产后秋育，都要坚持以"施肥为主、精料为辅"的原则，施肥应根据水色、温度灵活掌握，做到少施、勤施，约每周施肥 1 次，以生物复合肥为主使鲢鱼池水色以黄绿色、油青色为宜，鳙鱼池以茶褐色为佳；草鱼喜欢清瘦水质，水质不宜过肥。

#### （二）投饲

1. 青鱼。以投喂螺、蚬和蚌肉为主，辅以豆饼或人工加工的颗粒饲料等精饲料，吃饱为度，不宜多喂，吃剩的饲料要捞出，防止水质败坏。

2. 草鱼。早春一般投喂麦芽、谷芽及豆饼，也可以辅以蔬菜叶、莴苣叶，每尾每天喂 50～100 克，饲料应投在固定的食台上，后期应以黑麦草、水草等青饲料为主，精料为辅。青饲料的日投喂量应为鱼体重的 30%～50%，精饲料的投喂量应为鱼体重的 1%～2%，日投喂量的掌握以 2 小时吃完为度。

3. 鲢、鳙鱼。每天投喂鱼体重 1%～2% 的粉状精料，但在催产前 15～20 天停止投喂。

4. 鲤、鲫鱼。为杂食性鱼，食量较大，饲养期间应给予足够的食物，同时也可适当施肥使水质肥沃，天然饵料充足，产卵前 10～15 天用优质饲料进行强化培育，以利于性腺的发育。

5. 团头鲂。喂养应以青饲料为主，但在繁殖季节和产后应适量增加精饲料，其投喂量为鱼体重的 2%～3%，以利于性腺发育或产后体质恢复。

## 四、日常管理

### (一) 水质调节

不论养殖何种亲鱼，必须保持养殖池塘的水体肥、活、嫩、爽。为防止水质变坏、水色太浓、池水下降、亲鱼生病和浮头，要适时加注新水或更换部分池水，加水或排水时，要防止野杂鱼进入亲鱼培育池。开春投饲或施肥前应将池中老水换去一半，加注新水，使水深维持在 1 米左右，这样有利于池水升温及池塘中物质能量转化，促进亲鱼生长发育。

### (二) 流水刺激

冰融后及亲鱼产卵前的亲鱼池换冲新水，是一项促进亲鱼性腺发育非常重要的措施。

1. 青鱼亲鱼池。青鱼喜欢清新水质，因而要注意经常冲水，以保持水质良好，促使性腺发育，产前 1 个月可每天冲水 2～3 小时。

2. 草鱼亲鱼池。从春天分池后开始，每 10～15 天加注一次新水，每次加注新水的水量不少于 20 厘米。冲水从亲鱼放本池开始，每间隔 2～3 天冲水一次，每次冲水时间不少于 4 小时，待到催产前 10～15 天，每天都要冲水一次。草鱼亲鱼池在培育全过程都应保持养殖池水质清新、透明度保持在 30 厘米以上。草鱼冲注水次数可由每周 1 次开始，逐渐过渡到 3～5 天 1 次，到临产前每天冲 1 次水，每次冲水 3～5 小时，以促使性腺发育成熟。

3. 鲢、鳙亲鱼池。一般每月冲水 1～2 次，每次加水 5 厘米左右，临产前的半个月应隔天冲水 1 次，为保持池塘肥水可抽原塘水或隔塘互冲。冲水时水流速度要适中，太急会过多消耗亲鱼体力，过缓影响冲水效果。

4. 鲤、鲫亲鱼池。在鲤、鲫亲鱼培育至繁殖期间，一定要保持水中有较高的溶氧，千万不能发生缺氧浮头，否则亲鱼将不能正常繁殖。从分池后至催产前应加换 1～2 次新水，每次加换水量以 15 厘米左右为宜。

5. 团头鲂亲鱼池。团头鲂在亲鱼培育过程中，特别是产前培育，要经常加注新水，以利性腺的发育，但在产卵前半个月左右，要停止冲水，以免自行产卵造成被动。

### (三) 巡塘

每天黎明和傍晚应各巡塘 1 次，检查吃食量有无增减和水质肥瘦情况，从而确定投饲量和施肥量。发现泛池预兆或鱼浮头，应立即加注新水或开动增氧机。

### （四）疾病防治

积极采取预防措施，发现鱼病及时对症治疗。亲鱼的病害主要有打印病、赤皮病、锚头鳋病等。可采用以下方法防治：

1. 用 1 克/立方米漂白粉或 2～4 克/立方米五倍子全池泼洒防打印病和赤皮病。

2. 治疗打印病可用 1％苯酸擦洗患处。

3. 锚头鳋病用 0.2～0.5 克/立方米 90％晶体敌百虫全池泼洒杀灭。

4. 每隔半个月，在亲鱼吃食后，食物用漂白粉或硫酸铜消毒 1 次，用量均为 250 克左右。

### （五）检查成熟度

在春季，应选有代表性的亲鱼池塘拉网观察亲鱼外形成熟情况，借以调整管理措施，切忌多拉网，避免过多惊扰亲鱼和操作受伤。

## 五、不同季节亲鱼培育要点

### （一）产后培育

产后亲鱼可立即回池，也可先放入暂养池暂养。暂养池应靠近产卵池，水质清新，经常注排水。暂养密度大时应经常流水或每天注排水，防止亲鱼浮头。暂养期间不准捕捞。亲鱼产卵后，体质虚弱，并有不同程度的受伤，易感染。如果管理不善，容易造成亲鱼死亡。因此除认真做好药物防病和池塘消毒外，还要创造好生活条件，保持水质清新，增投一些精料以促使早日复原体质。

青鱼产后对每尾亲鱼应注射磺胺嘧啶钠 2 毫升（0.4 克）或青霉素 $10^5$ 国际单位，并在产后一个月的产后培育期，根据体质恢复情况，投喂些鲜活的螺和蚬。草鱼产后一个月内的产后培育期，根据亲鱼体质恢复情况，适当喂一些鲜嫩爱吃的草类，如麦芽、稻谷芽或嫩草，应注意调节水质，防止水质变坏或过肥，防止池塘缺氧。鲢、鳙鱼亲鱼池应中等肥度、透明度在 35～45 厘米。鲤、鲫、鲂鱼可投喂一些配合饲料。

### （二）夏秋季培育

夏秋季亲鱼卵巢内卵母细胞处于 II 时相到 III 时相的发育过渡。卵母细胞主要是原生质的增长。同时这一时期也是越冬准备阶段。因此，这一阶段的重点是供给亲鱼数量足、蛋白质含量高的饲料，使鱼体积累大量营养物质，体质肥壮。这样，既有利于越冬，又能使性腺发育到一定程度，为来年春季性腺发育打好基础。鲢、鳙亲鱼池可用"大肥大水"

的方法，培肥水质，并适当投喂精饲料。草亲鱼一到秋末，应喂足青料，辅以精料，由于饲草日渐枯竭，应加喂精料。此外，青、草亲鱼池要求水深水清，鲢、鳙亲鱼池要求水深肥足，水肥而爽。

（三）越冬管理

冬季气温下降，亲鱼的摄食和代谢能力下降，主要以体内贮存的营养物质维持生命。这一期间的管理，主要是使亲鱼的溶氧较足并能保持在一定温度的水中安全越冬。因此，在越冬前亲鱼池应尽量灌满水，在越冬期使池塘水深度保持在 1.5～2.5 米。如果结冰，应每天打冰以增加池水的溶氧量。在越冬期，仍需适当进行投饵、施肥和灌注新水。

（四）春季培育

春季培育是从开春以后至催产之前的期间。这一阶段，卵母细胞完成由Ⅲ时相到Ⅳ时相的大生长期，卵径急剧增加，卵巢系数已达到最高峰（20%～26%），且这时卵细胞主要以磷蛋白和磷脂类物质贮存于卵黄中，这是亲鱼性腺发育的主要时期。这个阶段的前半期，应重点抓投饵和施肥，补充鱼体在越冬期间消耗的营养，并进一步为性腺发育提供营养物质。要求早施肥、早投饵、水浅肥足，并投喂含脂肪、蛋白质较高的精饲料或配合饲料。到后期，即临催产前半个月左右，亲鱼池应勤注新水，促使亲鱼性腺迅速发育，这时可停喂精饲料。

# 第四章　淡水鱼人工繁殖操作规范

人工繁殖是根据鱼类的自然繁殖习性，在人工控制条件下，通过生态、生理的方法，促使亲鱼的性产物达到成熟、排放和产出，获得大量的受精卵，并在适当的孵化条件下最终孵化出鱼苗的生产过程。整个过程包括亲鱼培育、人工催产和人工孵化三个主要技术环节。自上世纪50～60年代我国家鱼人工繁殖取得重大突破以来，鱼类人工繁殖技术被广泛用于苗种生产，一举改变了依靠江河捞苗开展家鱼养殖的历史，通过人工手段源源不断地为大宗淡水鱼规模养殖提供稳定而大量种苗，有力地推动了大宗淡水鱼产业持续健康发展。

## 第一节　人工繁殖设施建设规范

大宗淡水鱼受精卵一般分为漂浮性卵和粘性卵两种类型，生产上根据卵粒的不同特性建设相应的繁殖设施和孵化装置，以更好地提高人工繁殖的产卵率、受精率和孵化率。

### 一、鲢、鳙、草、青鱼人工繁育设施

#### （一）产卵池

1. 地址选择

应靠近水源和亲鱼及孵化设施，能利用水位高低落差取水，以节省动力和防止断水事故。另外交通要方便，排水口不被洪水淹没。

2. 产卵池的设计

以圆形产卵池为主。产卵池面积50～100平方米，一般为砖水泥结构。圆形产卵池直径8～10米，池底由四周向中心倾斜，一般中心较四周低10～15厘米。池深1.5～2米，池底中心设方形或圆形出卵口一个，上盖拦鱼栅，出卵由暗道引入集卵池。墙顶每隔1.5米设稍向内倾斜的挂网杆插孔一个。集卵池一般为长2.5米、宽2米的长方形，其底一般较

产卵池底低 25～30 厘米。在集卵池尾部设溢水口一个，底部设排水口一个，最好由阀门控制排水。集卵池墙一边设阶梯 3～4 级，每一级阶梯设排水洞一个，可采用阶梯式排水。集卵网与出卵暗管相联，放置在集卵池内，以收集鱼卵。进水管一个，直径 15～20 厘米，与池壁切线成 40 度角左右，进水口距墙上缘 40～50 厘米。进水设有可调节水流量的阀门以便调节流速等，要求冲水形成的水流不能有死角，同时池壁要光滑，便于冲卵。

**（二）孵化设施**

孵化设施和种类很多，生产上常用的有孵化桶（缸）、孵化环道及孵化槽等。孵化工具的基本原理是造成均匀的流水条件，使鱼卵悬浮于流水中，在溶氧充足、水质良好的水流中翻动孵化，因而孵化率均较高（80% 左右）。一般要求壁光滑，没有死角，不会积卵和鱼苗。每立方米水可容卵 100 万～200 万粒。

孵化槽：长方形，其长度可根据生产规模和地面长短灵活掌握，一般为长 3～4 米，宽度 1～1.5 米，深 1 米左右，底呈流线形（或 "U" 字形）。进水在长边底部每隔 8～10 厘米设喷水口 1 个，口长 5 厘米左右，宽 4～5 毫米，下接进水管（10 厘米），在喷口上 5～8 厘米处设略向内倾斜的滤水窗。滤水窗宽同孵化槽宽度，深直达槽口面。过滤窗架为杉木制成的木质框架，架上装上 50 目的乙纶胶丝布。在过滤窗后的槽墙壁上每隔 15 厘米开直径 7 厘米左右的出水小洞 1 个，洞口离槽口 12～15 厘米。洞口外接入墙内暗沟中，沟宽 15 厘米，深 20 厘米（墙宽 25 厘米），暗沟汇集出水排出槽外。孵化槽内壁光滑，通水后水流上下呈流线形翻动，以消除死角。孵化槽底部中央设排水口一个，与出苗口相，并直接通集苗池。

**（三）催产辅助工具**

1. 亲鱼网

用于在亲鱼池捕亲鱼，要求网目不能太大，2～3 厘米即可，且材料要柔软较粗，以免伤鱼。网的宽度一般为 6～7 米，长度一般为亲鱼池宽的 1.4 倍左右，设有浮子和沉子。用于产卵池的亲鱼网可不设浮子和沉子。

2. 亲鱼夹和采卵夹

亲鱼夹是提送及注射亲鱼时用的，采卵夹为人工授精时提鱼用的。两种夹规格完全相同，只是采卵夹在夹的后端开了一个洞，使亲鱼的生殖孔露出来，以便人工挤卵。

3. 其他工具

包括注射器（1 毫升、5 毫升、10 毫升）、注射针头（6. 7. 8 号）、消毒锅、镊子、研钵、量筒、温度计、秤、托盘天平、解剖盘、面盆、毛巾、纱布、药棉等。

## 二、鲤、鲫、鳊、鲂鱼人工繁育设施

鲤、鲫、鳊、鲂鱼为黏性卵，对于产卵池的要求不高，与四大家鱼可以混用也可以用池塘或长方形产卵池，同时需要配备人工鱼巢或者孵化网片。

### （一）鱼巢选材与制作

1. 鱼巢的选材

鱼巢是亲鱼产卵时的附着物。只要是纤细多枝在水中易散开而不易腐烂的均可成为扎制鱼巢的材料。生产上多采用水中杨柳树的根须、棕榈皮和人造纤维等，一般采用棕榈树皮比较多。杨柳根须和棕榈皮需用水煮过晒干，除去单宁酸等有毒物质。鱼巢材料经消毒处理后，扎制成束。鱼巢在产卵池内布置适当与否，能直接影响到雌鱼的产卵效率和鱼卵在巢上的附着率。

2. 鱼巢的制作

棕皮和须根用水洗净，清除污泥杂物，经煮或蒸，除掉内含对鱼卵有害的单宁等物质，晒干后备用。制作鱼巢时，棕皮应扯松，增加卵的附着面积；如用制绳后剩下的棕皮硬杆，需敲烂，拉出纤维使用；树根应大小搭配。经初步加工后，用细绳扎捆成束即可。稻草要先锤软，然后经整理再扎成小束。水草，视鱼巢的布置方法，或扎束，或铺撒。扎成的鱼巢，不宜过大或过小，一般按照 4～5 张棕皮为一束的大小仿制。捆扎成伞状，切忌皱缩在一起而减小附着的有效面积。良好的鱼巢，应能附着数量较多的鱼卵，且所附之卵不致堆集在一起；附着卵的鱼巢，要浸泡在水中，伴随着鱼卵发育，直到孵出鱼苗为止，所以不应存在或产生有毒、有害成分与浸出物，以免影响胚胎的正常发育。

### （二）孵化网片的制作

1. 孵化网片制作

鱼苗孵化网片包括边框和丝网。首先做好边框，再用网片铺在边框上，缝合固定好即可。

## 2. 孵化方法

孵化时先将孵化池清理干净并消毒，将网片展开，并列平铺于孵化池底部，四周用竖放的网片围挡；先向孵化池中注水，将受精鱼卵均匀投入所述箱体内，搅拌后让受精鱼卵自由下沉；然后静置10秒左右，将网片取出，竖起放入另一孵化池中，展开平行排列，两网片间距为10～30厘米，在适宜条件下将鱼苗孵出。网片分布合理，能有效增加孵化面积和空间利用率，提高孵化效率，整个操作过程简单，使用方便，安全高效。

## 三、增氧与控温设施

### (一) 增氧设施

产卵孵化池、育苗池增氧主要采用罗茨鼓风机。一般有效水深在1.5米以下，选用风压20～34千帕的充气机；有效水深1.8～2.0米时，选用34～49千帕的充气机。充气机向产卵孵化池、育苗池充入的气量无严格的公式进行计算，可在试验和生产实践中获得数据，如海水育苗池，每分钟向池内水体充入的空气量（米$^3$/分钟）为育苗水体（米$^3$）的1%～5%。与鼓风机相连的送气管分为主管、分管及支管。主管为直径12～18厘米的硬质塑料管，连接鼓风机；分管为直径6～9厘米的硬质塑料管，与支管连接处设有气量调节开关；支管为直径0.6～1厘米的塑料软管，末端与散气石（管）连接。散气石由100～150号金刚砂铸制成圆柱状，长5～10厘米，直径3～4厘米，育苗池内以每平方米安装1～3个，各育苗池内所用散气石型号要求一致，以保证出气均匀。散气石气孔越细，越能提高水中溶氧量，但气孔容易被藻类等堵塞，必须经常清洗和更换。散气管是在管径1.0～1.5厘米无毒聚氯乙烯硬管上钻孔径0.5～0.8毫米的许多小孔，管两侧每隔2～5厘米交叉钻孔，各散气管间距为0.5～0.8米。全部小孔的总面积应小于鼓风机出气管截面积的20%。使用罗茨式鼓风机，为使各管道压力均衡并降低噪声，可在鼓风机出风口后加装气包，上面装压力表、安全阀、消音器。

### (二) 控温设施

有条件的繁殖场为了提早出苗，延长养殖周期，在亲鱼培育、产卵孵化、饵料生物培养、鱼苗培育等生产环节均需要加温处理，因此应配备增温设施。目前主要有燃煤锅炉和电加热器等2种增温方法。燃煤锅炉比较经济安全。锅炉的总供热量应是鱼苗水体最大换水量升温所需要的热量、每日全部鱼苗水体所散发热量、每日保持室内空气温度采暖的热量和各部分蒸汽管道输气损失热量的总和。一般 1000 米³ 水体配备 1～2 吨的锅炉。锅炉蒸汽或热水通过盘管使池内水温上升。盘管直径一般为 5.08～7.62 厘米的无缝钢管，外涂无毒防腐涂料。孵化池和鱼苗池内一般不用盘管，以免造成清污、出苗不便。可在预温池内设置盘管加温后随时向孵化池和鱼苗池内补水控温。电加热器有线电热棒、电热板、远红外辐射加热等，直接加温。

### 四、其他辅助设施

#### （一）检测设备

鱼类人工繁殖场要建设水质分析及生物检测室，配备相应的实验人员，以及生物观察和水质分析设备。如对用水的溶解氧、pH 值、氨氮、硫化氢等进行监测；对生物样品进行解剖和显微观察。

#### （二）电力设施

电力设施应根据鱼场电力的使用总量估算配置变压器，保证取水、充气、加温和办公、生活等有充足电力，同时配备柴油发电机，以便应急使用。

#### （三）库房

库房分生产工具存放间和饲料存放间。前者用来存放水泵、网具、各种管、桶等生产工具和设备；后者主要存放饲料、肥料等。库房应离生产区较近，且车辆出入方便，房间通风，注意防潮、防虫、防鼠害等。

## 第二节　人工繁殖技术规范

### 一、待产亲鱼成熟度鉴定

为提高催产率，生产上要选择成熟亲鱼催产。目前，主要是依据经验从外观上来鉴别，对雌鱼也可直接挖卵观察。从外观上鉴别可概括为"看、摸、挤"3 个字。看就是观察亲鱼腹部是否膨大；摸就是用手触摸亲鱼腹部是否柔软有弹性；挤是用手挤压亲鱼腹部两侧是否有精子或卵子流出。

#### （一）雄亲鱼

成熟的雄鱼，从头向尾方向轻挤腹部即有精液流出，若精液浓稠，呈乳白色，入水后能很快散开，说明亲鱼性成熟好；若精液量少，入水后呈线状不散开，则表明尚未完全成熟，若精液呈淡黄色近似膏状，表明性腺过熟，精巢退化。

**（二）雌亲鱼**

1. 外形观察

成熟雌鱼腹部明显膨大，后腹部生殖孔附近饱满、松软且有弹性，生殖孔红润，将鱼腹朝上托出水面，可见腹部两侧卵巢轮廓明显。亲鱼成熟较好。为避免饱食造成腹部膨大，亲鱼应停食1～2天。

2. 取卵观察

用挖卵器直接从卵巢中取出卵粒进行成熟度鉴别比外形观察更可靠，但可能造成卵巢损伤。首先，用竹子、铜、不锈钢、塑料等制成直径3.0～3.5毫米，长约20厘米的挖卵器，挖卵器头部开一长1～2厘米，内径2～3毫米，深2.5毫米的空槽。也可用鸡、鸭羽毛在其基部开一小孔作为挖卵器，或用长20～30厘米的聚乙烯管（内径0.86毫米，外径1.52毫米）制成。

取卵时将挖卵器轻轻插入亲鱼生殖孔，然后偏向左侧或右侧，旋转几圈抽出，便可得到少量卵粒。若用聚乙烯管，则用口衔着软管用力将卵粒从卵巢中吸出。

将获得卵粒放在载玻片或培养皿上，可以直接观察卵的大小、颜色及卵核的位置。若卵粒大小整齐，饱满有光泽，全部或大部分核偏位，表明亲鱼性腺发育成熟，可以马上用于催产；如果卵粒小，大小不均匀，卵粒不饱满，卵核尚未偏位，卵粒相互集结成块，不易脱落，表明卵巢尚未发育成熟，需要进一步强化培育；如果卵粒扁塌，无光泽，卵膜发皱，则表明亲鱼性腺已开始退化，不适宜催产。为了使卵核观察清晰，可将卵粒置于培养皿或小瓷盘上，加入少许透明液，2～3分钟后，不透明卵核就清晰可见。如果卵核偏向于卵膜边缘，称之为"极化"，此特征为卵母细胞发育到第Ⅳ时相末的重要标志，说明卵子已成熟，可以进行催产。过熟卵或退化卵，无核相，则催产效果差。

卵子透明液参考配方：

（1）浓度95％酒精85份、水15份；

（2）酒精85份，福尔马林（40％甲醛）10份，冰醋酸5份；

**（三）亲鱼选择与雌雄配比**

生产上，一般早期选择比较有把握的亲鱼催产。中期水温等条件适宜了，只要一般具有催产条件的亲鱼都可进行催产。接近繁殖季节结束时，只要是未催产而腹部有膨大者，均可催产。同时，雌雄比的选择应为雄鱼略多于雌鱼。生产上在同时催产几组亲鱼时，可按1:1配好后再多加一条雄亲鱼，以提高催产效果及受精率。

## 二、催产激素的选择与使用

目前用于鱼类繁殖的催产剂主要有绒毛膜促性腺激素（HCG）、鱼类脑垂体（PG）、促黄体素释放激素类似物（LRH-A）等。

### （一）脑垂体（PG）

鱼类脑垂体内含有多种激素，对鱼类催产最有效的成分是促性腺激素（GTH）。GTH是一种大分子的糖蛋白激素，分子量30000左右，反复使用，易产生抗药性。脑垂体直接从鱼体内取得，对温度变化的敏感性较低。在采集脑垂体时，必须考虑以下因素：

1. 脑垂体中的GTH具有种的特异性

不同鱼类的GTH，其氨基酸组成和排列顺序不尽相同，结构上的差异，导致鱼类GTH具有种间特异性。因此，一般采用在分类上较接近的鱼类，如同属或者同科的鱼类脑垂体作为催产剂，尽量消除GTH种间特异性对催产效果的影响。所以在家鱼的人工繁殖生产上，广泛使用鲤科鱼类如鲤、鲫的脑垂体，其效果显著。

2. 脑垂体中GTH的含量与性成熟有关

只有性成熟的鱼类，其脑垂体间叶细胞中的嗜碱性细胞才含有大量的分泌颗粒，其GTH的含量才高；反之则含量低。

3. 脑垂体中GTH的含量受季节性影响

成熟鱼脑垂体GTH含量随生殖周期的变化而出现极大差异。脑垂体GTH含量最高的时间在鱼类产卵前2个月。鱼类产卵后，脑垂体中的GTH就基本释放排空，垂体也萎缩软化。因此，摘取鲤、鲫脑垂体的时间通常选择产卵前的冬季或者春季为好。

成熟雌雄鱼的脑垂体均可用作催产剂。脑垂体位于间脑下面的碟骨鞍里面，用刀砍去头盖骨，将鱼脑向后翻开，即可见到乳白色的脑垂体，呈小球状，用镊子撕破皮膜即可取出。去除黏附在脑垂体上的附着物，并浸泡在20~30倍体积的丙酮或乙醇中脱水脱脂，过夜后，更换同样体积的丙酮或无水乙醇，再经24小时后取出，在阴凉通风处彻底吹干，密封干燥4℃下保存。

常用于催产的有鲤科鱼类（主要是鲤）、鲻科鱼类和太平洋鲑的脑垂体，也有采用部分提纯的鲑脑垂体（SG-100）。大多数脑垂体直接研磨，制成生理盐水匀浆液，直接注入鱼体，很少经过有效激素的提纯（SG-100 除外）。

### （二）绒毛膜促性腺激素（HCG）

HCG 是从怀孕 2～4 个月的孕妇尿中提取的一种糖蛋白激素，分子量为 36000 左右。由于其结构和功效稳定，且成本低，已被广泛应用于诱导鱼类的性腺成熟和产卵。在物理化学和生物功能上类似于哺乳类的促黄体素（LH）和促滤泡素（FSH），生理上更类似于 LH 的活性。HCG 直接作用于性腺，具有诱导排卵的作用；同时也具有促进性腺发育，促使性激素产生的作用。有研究表明，重复超剂量使用将导致鱼体产生免疫反应，可能是由异体活性物质的种族特异性引起的。

HCG 呈白色粉末状，市场上销售的鱼（兽）用 HCG 一般封装于安瓿瓶中，以国际单位（IU）计量。HCG 易吸潮而变质，因此要在低温干燥避光处保存，临近催产时取出备用。储量不宜过多，以当年用完为佳，隔年产品影响催产效果。

### （三）促黄体素释放激素类似物（LRH-A）

哺乳动物的下丘脑能分泌作用于脑垂体的促黄体素释放激素（LRH），其分子量约 1182，结构为谷-组-色-丝-酪-甘-亮-精-脯-甘酰氨 10 种氨基酸组成的多肽。目前已成功地人工合成了 LRH，应用于牛、羊、猪等哺乳动物并呈现很高的生物活性，但对鱼类的催产效果不理想，且用量要高出一般哺乳动物几百倍。哺乳动物结构的 LRH 对鱼类作用效率低的原因可能有以下两个方面：一是鱼类下丘脑 LRH 的一级结构与哺乳动物存在差异；二是 LRH 的半衰期甚短，因为脑中存在破坏 LRH 的可溶性酶系。另外，当 LRH 随血液在体内循环时，又会被内脏酶系水解进一步破坏。一旦 LRH 构型被破坏，就随即失去活性。由于 LRH 不能在体内久留，从而影响了催产效果。

为了提高 LRH 对鱼类的催产效果，1975 年我国科学工作者对哺乳类的 LRH 结构进行改型，将 LRH 第 6 位的甘氨酸残基，以天-丙氨酸（或天-亮氨酸、天-色氨酸、天-苯丙氨酸）取代，并去除第 10 位的甘酰胺，成为一种人工合成的九肽激素，分子量约 1167，称为 LRH-A。LRH 通过上述改型后，生物活性提高了数十倍以上，催产效果明显改善。由于它的分子量小，反复使用，不会产生抗药性，并对温度变化的敏感性较低。且它的靶器官是脑垂体，由脑垂体根据自身性腺的发育情况合成和释放适度的 GTH，然后作用于性腺。因此，不易造成难产等现象发生。LRH 不仅价格比 HCG 和 PG 便宜，操作简便，而且催产效果大大提高，亲鱼的死亡率也大大下降。

**（四）地欧酮（DOM）**

能阻断多巴胺对促性腺激素（GTH）释放的抑制作用，促进 GTH 释放。在鱼类繁殖季节早期，气温水温偏低，或气温突然下降，亲鱼性腺还未成熟，卵巢还处在Ⅳ期初期，用 DOM 与 LRH－A 合用进行催产，能使亲鱼卵巢快速从 IV 期初期达到 IV 期末期，提高催情、催熟和催产效果，有助于产卵率与受精率达到理想阶段。不同种类的亲鱼对不同催产剂的敏感性有很大差异，在催产时必须选取对该种亲鱼最敏感的催产剂，或者几种催产剂互相混合使用，可以提高催产效果，这是由于激素间的相互协进作用。

鲢、鳙、鳊鱼对 HCG 的敏感度优于 LRH－A；草鱼对 HCG 的敏感性差，宜用 LRH－A、PG 或二者混合使用；青鱼不能单独使用 HCG，必须 HCG 和 PG、LRH－A 混合使用；鲤鱼采用混合用药。催产剂的用量根据不同种类的鱼、催产时间、成熟度有所不同。早期因水温稍低，卵巢膜对激素不够敏感，用量需比中期增加 20％～25％。成熟度差的鱼，应增大注射量；成熟度好的鱼，则可减少用量。催产剂的注射时间应根据效应时间和计划产卵时间来决定。

**（五）注射催产剂**

注射催产剂可分为一次注射、二次注射，青亲鱼催产甚至还有采用三次注射的。亲鱼成熟很好，水温适宜时通常可采用一次注射，但一般来讲两次注射法效果较一次注射法为好，其产卵率、产卵量和受精率都较高，亲鱼发情时间较一致，特别适用于早期催产或亲鱼成熟度不够的情况催产，因为第一针有催熟的作用。两次注射时第一次只注射少量的催产剂，若干小时后再注射余下的全部剂量。两次注射的间隔时间为 6～24 小时，一般来讲，水温低或亲鱼成熟不够好时，间隔时间长些，反之则应短些。

1. 注射剂量

（1）四大家鱼注射剂量

四大家鱼采用激素进行人工催产，选用的激素符合 NY5071《无公害食品鱼用药物使用准则》的要求，采用单一激素使用或多种激素混合使用。常用催产激素的剂量如表4-1所示。

在使用表中剂量催产时需注意下面几点：①对成熟较好的亲鱼第一针剂量不能随意加大，否则易导致早产；②雄鱼若成熟较好也可不打第一针；③一般来讲，一次注射与两次注射剂量相同；④早期水温较低时催产，或亲鱼成熟不太充分时催产，剂量可稍稍加大；⑤经多次注射催产剂催产，或以前使用剂量一直较高，或亲鱼年龄较大，应适当增加剂量；⑥不同种类的亲鱼对催产剂的敏感性有差异，一般草鱼、鲢鱼较敏感，用量较少，鳙鱼次之，青鱼在四大家鱼中剂量用量最大；⑦绒毛膜激素用量过大会引起鱼双目失明、难产死亡等副作用，因此需加以注意；⑧用释放激素类似物或绒毛膜激素催产时，加适量的垂体，催产效果更好。

表4-1　　　　　　　　　　　　　　四大家鱼常用激素注射剂量

| 品种 | 单一使用剂量 | | | | | | | | 混合使用剂量 | | | |
|---|---|---|---|---|---|---|---|---|---|---|---|---|
| | PG(毫克) | HCG(微克) | LRH-A(微克) | LRH-A$_3$(微克) | A型(鱼用单位) | B型(鱼用单位) | 高效1号(毫克/微克) | 高效2号(毫克/微克) | PG(毫克) | HCG(微克) | LRH-A(微克) | LRH-A$_3$(微克) |
| 草鱼 | 4~5 | | 10~15 | 10~15 | | | RES:5+LRH-A:10 | DOM:3~5+LRH-A:10 | 1~2 | | 10 | |
| | | | | | | | | | | | | 10 |
| | | | | | | | | | | 200~500 | 10 | |
| | | | | | | | | | | | | 10 |
| 鲢鱼 | 4~5 | 1000~1200 | | | 1~2 | | RES:5+LRH-A:10~20 | DOM:3~5+LRH-A:10~20 | 1 | | 10~20 | |
| | | | | | | | | | | | | 10~20 |
| | | | | | | | | | | 500~600 | 10~20 | |
| | | | | | | | | | | | | 10~20 |
| 鳙鱼 | 4~6 | 1200~1500 | | | | 1~2 | RES:5+LRH-A:10~20 | DOM:3~5+LRH-A:10 | 1.5 | | 10~20 | |
| | | | | | | | | | | | | 10~20 |
| | | | | | | | | | | 500~600 | 15~20 | |
| | | | | | | | | | | | | 15~20 |
| 青鱼 | 5~6 | | | | | | | | 3~4 | | 15~30 | |
| | | | | | | | | | | | | 15~30 |
| | | | | | | | | | | 800~1200 | 15~20 | |
| | | | | | | | | | | | | 15~20 |

（2）鲤鲫鳊鲂注射剂量

鲤鲫鳊鲂的人工繁殖方法大同小异。注射剂量也相差不大，雌鱼注射剂量为每公斤体重 LRH - A$_2$（促黄体素释放激素类似物）3～5 微克加 DOM（地欧酮）3～5 毫克，雄鱼的剂量为雌鱼的一半。具体剂量视性腺发育程度和水温高低适量增减，均采用一次注射法。注射液的配制和注射方法与四大家鱼相同，注射一般在下午 4～5 时进行。催产激素用 0.7％的生理盐水配制；雌鱼每毫升水含 2 微克 LRH - A$_2$ 和 2 毫克 DOM，雄鱼每毫升水含 1～1.5 微克 LRH - A$_2$ 和 1～1.5 毫克 DOM；注射部位是胸鳍基部无鳍处，从 45°角入针；注射量为每公斤体重注射 2 毫升。

2. 配制注射液

注射用水一般用生理盐水（0.7％的氯化钠液），医用注射用水，蒸馏水，也可用清洁的冷开水配制。释放激素类似物和绒毛膜激素均为易溶于水的商品制剂，只需注入少量注射用水，摇匀充分溶解后再将药物完全吸出并稀释到所需的浓度即可。垂体注射液配制前应取出垂体放干，再在干净的研钵内充分研磨，研磨时加几滴注射用水，磨成焦糊状，再分次用少量注射用水稀释并同时吸入注射器，直至研钵内不留激素为止，最后将注射液稀释到所需浓度。配制注射液时还需注意：（1）一般即配即用，以防失效，若 1 小时以上不用应放入 4 ℃冰箱保存。（2）注射液须略多于总用量，以弥补注射时和配制时的损耗。（3）稀释剂量以便于注射时换算为好，但一般每尾亲鱼注射剂量不超过 5 毫升。

3. 注射

注射前用鱼夹子提取亲鱼称重，然后算出实际需注射的剂量，就可进行注射。注射时，一人拿鱼夹子，使鱼侧卧，露出注射部位，另一人注射。注射器用 5 毫升或 10 毫升或兽用连续注射器，针头 6 号～8 号均可，用前需煮沸消毒。注射部位有下列几种：

（1）胸腔注射。注射鱼胸鳍基部的无鳞凹陷处，注射角度以针头朝鱼体前方与体轴呈 45°～60°角刺入，深度一般为 1 厘米左右，不宜过深，否则会伤及内脏。

（2）腹腔注射。注射腹鳍基部，注射角度为 30°～45°，深度为 1～2 厘米。

（3）肌肉注射。一般在背鳍下方肌肉丰满处，用针顺着鳞片向前刺入肌肉 1～2 厘米进行注射。

注射完毕迅速拔出针头，并用碘酒涂擦注射口消毒，以防感染。注射中若亲鱼挣扎骚动，应将针快速拔出，以免伤鱼。

## 三、产卵与受精

经注射催产剂的亲鱼，在产卵前有明显的雌、雄追逐兴奋的现象，称为发情。当发情达到高潮时，亲鱼就开始产卵、排精。因此，准确判断发情排卵时刻相当重要，特别是采用人工授精方法时，如果对发情判断不准，采卵不及时，将直接影响受精率和孵化率。过早采卵，亲鱼卵子未达生理成熟；过迟采卵，亲鱼已把卵产出体外，或排卵滞留时间过长，卵子过熟，影响受精率和孵化率。所以，在将要达到产卵效应时，应密切观察亲鱼发情情况，确定适宜的采卵时间。

亲鱼发情时，首先是水面出现波纹或浪花，并不时露出水面，多尾雄亲鱼紧紧追着雌亲鱼，有时并用头部顶撞雌鱼的腹部，这是雌、雄鱼在水下兴奋追逐的表现，如果波浪继续间歇出现，且次数越来越密，波浪越来越大，表明发情将达到高潮，此时应做好采卵、授精的准备工作。

### （一）自然产卵受精技术

亲鱼经过人工催产后，移入产卵池，保持流水刺激。发情亲鱼高度兴奋后，常常见到雌鱼被几尾雄鱼紧紧追逐，摩擦雌鱼腹部，甚至将雌鱼抬出水面，有时雌、雄鱼急速摆动身体，或腹部靠近，尾部弯曲，扭在一起，颤抖着胸、腹鳍产卵、排精。这种亲鱼自行产卵、排精，完成受精作用的过程叫自然产卵受精。一般亲鱼发情后，要经过一段时间的产卵活动，才能完成产卵全过程。整个过程持续时间随鱼的种类、环境条件等而不同。

采用亲鱼自然产卵、受精方式，应注意产卵池管理。必须有人值班，观察亲鱼动态，并保持环境安静。还要在产卵池收卵槽上挂好收卵网箱，利用水流带动，将受精卵收集于收卵网箱中。亲鱼发情30分钟后，及时检查收卵网箱，观察是否有卵出现。当鱼卵大量出现后，用小盒或手抄网将卵及时捞出，防止受精卵在网箱中积聚太多而窒息死亡，并将受精卵移到孵化池中孵化。

### （二）人工授精技术

在进行杂交、育种等科研工作时，或在雄鱼少或性腺发育差时，或在鱼体受伤较重及产卵时间已过而未产卵的情况下，可采用人工授精法，即人为地使精、卵混合在一起，完成受精过程。人工授精的关键在于准确掌握效应时间。过早地拉网挤卵，不仅挤不出，还会因惊扰而造成泄产；若过晚则错过了生理成熟期，鱼卵受精率低，甚至根本不能受精。

1. 精液制备

成熟的雄亲鱼大多数种类可人工直接挤出精液。精子在水中存活的时间极短，一般在 30 秒左右，所以需尽快进行人工授精，否则，精子活力下降导致受精率降低。

2. 人工授精方法

（1）干法人工授精。将发情至高潮或到了预期发情产卵时间的亲鱼捕起，一人抱住鱼，头向上尾向下并用手按住生殖孔（以免卵流到水中），另一人用手握尾柄并用毛巾将鱼体腹部擦干，随后用手柔和地挤压腹部（先后部，后前部），先把鱼卵挤于盆中（每盆可放 20 万粒左右，千万不要带进水），然后将精液挤于鱼卵上，用羽毛或手均匀搅动 1 分钟左右，再加少量清水拌和，静置 2～3 分钟，慢慢加入半盆清水，继续搅动，使精子和卵子充分结合，然后倒去浑浊水，再用清水洗卵 3～4 次，当看到卵膜吸水膨胀后便可移入孵化器中孵化。

（2）湿法人工授精。在脸盆内装少量清水，每人各握一尾雌鱼或雄鱼，分别同时将卵子和精液挤入盆内，并用羽毛轻轻搅和，使精卵充分混匀，之后，操作步骤同干法人工授精。

（3）半干法人工授精。简单来说就是将雄鱼精液先用 0.7% 生理盐水稀释后再与挤出的卵子混合的授精方法。

人工授精过程中应避免亲鱼的精子和卵子受阳光直射。操作人员要配合协调，动作要轻、快、准。否则，易造成亲鱼受伤，人工授精失败，并引起产后亲鱼死亡。

**（三）产卵情况**

1. 全产

采用人工授精，或者自然受精产卵后，雌鱼腹部空瘪、腹壁松弛，轻压腹部可能有少量卵粒流出，表明亲鱼培育良好、成熟度高、催产剂质量好、催产剂量准确、催产季节和环境条件适宜、受精适时。

2. 半产

雌鱼腹部有所缩小，但没有空瘪，雌鱼腹部仍较膨胀，可能已排卵，但卵子未能全部产出，原因在于雌鱼性腺发育较差、体质较弱或受伤等。若此时卵子过熟，应将雌鱼体内的卵子全部挤除，以免腹腔膨胀，造成亲鱼死亡。另一种情况是雌鱼未完全排卵，仅有部分卵子产出，其余还未成熟。这是由于雌鱼性腺成熟度差或催产剂量不足，应将亲鱼放回产卵池，一段时间后雌鱼可能再出现产卵。人工授精时，不能强行挤卵，否则出现亲鱼受损伤及受精失败。

3. 难产

催产后，雌鱼腹部明显增大、腹部变硬，可能是由于催产剂量过大，卵子遭到破坏；也可能是雌鱼对激素敏感，激素进入鱼体内过早产生效应，而卵巢滤泡发育未完成，二者失调造成卵子吸水膨胀。有时见到雌鱼生殖孔红肿，生殖孔被卵块堵住，轻压腹部有混浊并微带黄色液体或血水流出，取卵检查，发现卵子失去弹性和光泽，表明卵巢已经退化。这是由于水温过高，排卵和产卵不协调，生殖孔充血发炎。这种情况的亲鱼极易产后死亡，应尽量将亲鱼腹水和卵子挤出，然后放入水质较好的池塘中精心护理。

4. 未产

催产后亲鱼在预定时间内不发情或发情不明显，腹部无明显变化，挤压腹部没卵流出，称为未产。雌鱼未产可能是性腺发育差、激素失效或注射剂量过低、催产水温过低或过高等原因引起，未产亲鱼一般不宜强行进行第二次催产，以免对亲鱼造成伤害，应加强亲鱼的选育工作。如果是由于催产剂失效引起亲鱼未产，则可以再补针催产。

自然受精与人工授精相比，优点更多。因此，当亲鱼性腺成熟、体质壮，雌雄比例适宜时，应尽量进行自然产卵、受精，或以自然受精为主，人工授精为辅。

**（四）影响受精的主要因素**

生产上一般用受精率衡量催产技术水平的高低，当鱼苗发育到原肠期时，取鱼卵 100 粒，在白瓷盆中肉眼观察，统计受精卵数和混浊、发白的死亡卵数，受精卵占统计总卵数的百分比即是受精率。影响受精率的因素有以下几种。

1. 精、卵子质量

精、卵质量高，受精率自然较高，亲鱼性腺发育不良或已过熟、退化，或者因催产技术不当，均会降低鱼卵子和精子质量。精、卵质量不高，往往会影响受精率，而且受精后胚胎的畸形率和死亡率也较高，进而影响孵化率。

2. 雌雄鱼配比

硬骨鱼类虽为单精入卵受精，但在受精时，却有成千上万的精子附着在卵的表面，这对保证单一精子入卵完成受精起着重要作用。一般每粒鱼卵占有 2 万～20 万精子时，受精率随占有的精子数量的增加而快速提高，当达到 30 万～40 万精子时，受精率趋于稳定。故需一定数量的精子才能保证所有卵子都能受精。因而，当雌雄鱼比例失调或雄鱼产精量不足时，会制约受精率。

3. 授精过程

人工授精的每个细节都有可能影响到受精率，例如挤精和挤卵同步性、光照、水温、血污、水分、精子和卵子混匀程度等。为了提高受精率，亲鱼授精过程应尽量避免光照，授精时间最好在早上，挤精和挤卵应做到同步。如采用干法人工授精，要将雌雄鱼用毛巾擦干，避免水对精、卵造成影响。

四、人工孵化操作技术规范

人工孵化是指受精卵经胚胎发育到仔鱼出膜的全过程。根据受精卵胚胎发育的生物学特点，人为创造适宜的孵化条件，使胚胎正常发育，孵出仔鱼。在孵化过程中，胚胎发育受多种因子的影响。为了提高孵化率，必须充分了解和掌握胚胎发育的特点以及对外环境的要求。

**(一) 受精卵质量鉴定**

正常得到的卵子，卵球大小一致，卵膜吸水速度快，坚韧度大，细胞分裂正常。而产出的不熟或过熟卵子，在进行孵化之前，应淘汰掉。

**(二) 漂流性卵的孵化 (以四大家鱼为例)**

家鱼属敞水性产卵类型，其卵子的孵化需要充足的溶氧和一定的流水。漂浮性卵一般在孵化环道中流水孵化，孵化密度为 100 万粒卵/米$^3$。受精卵刚放入时，水流不宜太大，一般水流速度为 0.15～0.30 米/秒，以卵刚好呈漂浮状为宜。在胚胎发育过程中，可适当增大水流以保持氧气的足够供应。仔鱼破膜时，氧气消耗量大，且刚出膜的仔鱼，器官发育不全、鳔未形成，无胸鳍，不会游泳，非常娇嫩，易下沉窒息，此时应加大水流，使其能在水中漂游。当仔鱼能平游时，体内卵黄囊逐渐消失，并能顶流，此时宜适当减缓水流，以免消耗仔鱼体内营养。孵化过程中产生的污物和后期脱落的卵膜一起聚集在过滤纱窗上，导致水流不畅，要及时清除，防止水的溢出。在孵化时要注意遮阴，仔鱼出膜后不要立即移出，而是待到鳔充气 (出现"腰点")、卵黄囊基本消失、能开口摄食后再出苗。

### （三）黏性卵的孵化（以鲤鲫鳊鲂为例）

1. 池塘孵化

目前生产上多直接使用鱼苗培育池进行孵化，以减少鱼苗转塘的麻烦和损失。将粘有鱼卵的鱼巢放入池中水下10厘米即可孵化，每亩水面可放30万～50万粒卵（以下塘鱼苗20万为准）。鱼苗刚孵出时，不可立即将鱼巢取出，此时鱼苗大部分时间附着在鱼巢上，靠卵黄囊提供营养，到鱼苗能主动游泳觅食时，才能捞出鱼巢。

2. 淋水孵化

将粘附鱼卵的鱼巢悬吊在室内或平铺在架子上，用淋水的方法使鱼巢保持湿润。孵化期间，室温保持在20～25 ℃。此法能人为控制孵化时室内温度、湿度，观察胚胎发育情况，具有孵化速度一致，减少水霉病感染，孵化不受天气变化影响等优点。当胚胎发育到发眼期时应立即将鱼巢移到孵化池内孵化，注意室内与水池温度相差不超过5 ℃。

3. 脱黏流水孵化

黏性卵在人工授精后2～3分钟，通过去黏性处理，便可用四大家鱼的孵化设备进行流水孵化。此法可以避免受敌害生物侵袭，而且水质清新，溶氧丰富，适于大规模生产，又不用制作鱼巢，节约材料和省时。但脱黏过程中，卵膜易受脱黏剂悬浮颗粒的损伤，在保证不缺氧的前提下，应尽量减慢流水孵化器的水流，防止鱼卵受伤害。常用于孵化的鱼卵脱黏方法有以下几种。

（1）泥浆脱黏法

先用黄泥土与水混合成稀泥浆水，一般5千克水加0.5～1千克黄泥，经40目网布过滤。脱黏方法是先将泥浆水不停翻动，同时将受精卵缓慢倒入泥浆水中，待全部受精卵撒入泥浆水中后，继续翻动泥浆水2～3分钟。最后将脱黏受精卵移入网箱中洗去多余的泥浆，即可放入孵化器中流水孵化。

（2）滑石粉脱黏法

将100克滑石粉即硅酸镁加20～25克食盐溶于10升水中，搅拌成悬浊液，即可用来脱除有黏性的鲤鱼卵1～1.5千克。操作时一边向悬浊液中慢慢倒入鱼卵，一边用羽毛轻轻搅动，经30分钟后，受精卵呈分散颗粒状，达到脱黏效果。经漂洗后放入孵化器中进行流水孵化。

（3）尿素脱黏法

受精后3～5分钟，将受精卵先加入1.5倍的1号脱黏液（3克/L的尿素和 4 克/升的氯化钠混合水溶液），用羽毛搅拌 1.5～2 小时，倒去 1 号脱黏液再加入相当于受精卵 10 倍的 2 号脱黏液（8.5 克/升的尿素水溶液），每隔 15 分钟搅拌一次，经 2～3 小时即可用清水清洗鱼卵，便完全脱黏，然后放入孵化器中孵化。该法脱黏效果较好，卵膜透明，易观察胚胎发育情况，但脱黏时间过长，生产效率较低。

（4）清水机械脱黏法

将 500 克的受精卵放入 100～150 毫升水中，用人工或机械方法带动羽毛，轻轻搅动 1 分钟，再加入 0.5 升水，并迅速搅拌 2～3 分钟，然后加入 1.0～1.5 升水，继续搅动 25～30 分钟，即可将黏性脱去。此法可以避免脱黏剂颗粒对卵膜的损伤，从而减少水霉病发生。

**（四）孵化期管理**

精心管理是提高孵化率的关键之一。受精卵孵化期间，必须保证孵化环境包括水温、溶氧、盐度、酸碱度、水流速度、敌害生物和病害控制等因素便于鱼类胚胎发育。

1. 水流。因家鱼卵均为半浮性卵，在静水条件下会逐渐下沉，落底堆积，导致溶氧不足，胚胎发育迟缓，甚至窒息死亡。而在水流的作用下受精卵漂浮在水中，此外流水可提供充足的溶氧，及时带走胚胎排出的废物，保持水质清新，达到孵化的目的。水流的流速一般约为 0.3～0.6 米/秒，以鱼卵能均匀随水流分布漂浮为原则。

2. 溶氧。鱼胚胎在发育过程中，因新陈代谢旺盛需要大量的氧气。要求孵化期内溶解氧不能低于 4 毫克/升，最好保持在 5～8 毫克/升。实践证明当水体中溶氧低于 2 毫克/升时，就可能导致胚胎发育受阻甚至出现死亡。

3. 水温。家鱼胚胎正常孵化需要的水温为 17～31 ℃，最适温度为 22～28 ℃，正常孵化出膜时间为 1 天左右。温度愈低胚胎发育愈慢，温度愈高胚胎发育愈快。水温低于 17 ℃或高于 31 ℃都会对胚胎发育造成不良影响，甚至死亡。温差过大尤其是水温的突然变化（±3～5 ℃时），就会影响正常胚胎发育，造成停滞发育，或产生畸形及死亡。

4. 水质。孵化用水不能被污染，受工业污染和农药污染的水不能用作孵化用水。水的 pH 一般要求 7.5 左右，偏酸性水会使卵膜软化，失去弹性，易于损坏；而偏碱性水卵膜也会提早溶解。

5. 敌害生物。水体中会对鱼胚胎孵化造成危害的敌害生物有桡足类、枝角类、小鱼、小虾及蝌蚪等。前两类不但会消耗大量氧气，同时还能用其附肢刺破卵膜或直接咬伤仔鱼及胚胎，造成大批死亡；后三类可直接吞食鱼卵，因此均必须彻底清除。常用的办法是将孵化用水经60～70目筛选过滤。

　　孵化前，必须将孵化器材（如孵化桶、鱼巢等）洗刷干净并消毒，并防止孵化器漏水跑苗。鱼卵孵化过程中，应密切注意氧气供给。孵化期间要根据胚胎发育时期分别给予不同的水流量或充气量，孵化初期水流量过大，充氧量过大会破坏卵膜，造成卵膜早溶（水质正常条件下，四大家鱼卵用10毫克/升高锰酸钾浸泡可使卵膜增厚加硬，在一定程度上预防卵膜早溶），从而影响孵化率。孵化中期，随着胚胎发育耗氧量增加，应增加水量或充气量，保证胚胎正常发育。溶氧量降低、密度增大和水温升高，能使孵化酶分泌量增多，从而加快脱膜和溶膜速度，所以为了加速胚胎出膜速度和提高出膜整齐度，可在即将出膜时停水、停气5～10分钟或添加100～150克/升的1398蛋白酶，使卵膜在8～25分钟内溶解完毕，不会影响孵化率。出膜后，为防止鱼苗沉底造成缺氧窒息，可适当加大充气量或水流量。仔鱼平游期后，应适当降低充气量或水流量，避免鱼苗顶水流时消耗体能。

　　同时，定期检查水温、水质和胚胎发育情况，及时清理卵膜和代谢产生的污物，保持水质清新，预防病害及敌害生物的影响。

# 第五章　淡水鱼类苗种培育技术规范

　　鱼类苗种培育，就是从孵化后 3～4 天的鱼苗，养成供食用鱼池塘、湖泊、水库、河沟等水体放养的鱼种。一般分两个阶段：鱼苗经 18～22 天培养，养成 3 厘米左右的仔鱼，此时正值夏季，故通称夏花（又称火片、寸片）；夏花再经 3～5 个月的饲养，养成 8～20 厘米长的鱼种，此时正值冬季，故通称冬花（又称冬片），北方鱼种秋季出塘称秋花（秋片），经越冬后称春花（春片）。

## 第一节　池塘条件与放养前准备

### 一、环境条件

#### （一）水源与水质

　　水源条件：水是鱼类赖以生存的首要条件。水源要求无毒、无污染、无冷浸水、无锈水，水源充足，排灌方便，不怕旱涝。

　　水质条件：水质除符合 GB 11607 规定外，池水透明度要适应各类鱼苗鱼种的要求。鱼种池池水透明度：鲢、鳙、鲮、白鲫为主的培育池池水透明度为 25～30 厘米；青鱼、草鱼、鳊、鲂、鲤、鲫为主的培育池池水透明度为 35～40 厘米。

#### （二）池塘条件

　　鱼种池的大小一般以 3～10 亩为宜。太大、水深，不易培肥和调节水质；太小、太浅易受外界环境影响，而且容易受到大风的影响，伤到鱼苗；拉网操作也不太方便。鱼苗池面积为 0.07～0.27 公顷，水深 1.2～1.5 米；鱼种池面积为 0.13～0.53 公顷，水深 1.5～2.0 米；池底平坦、淤泥厚度小于 20 厘米。鱼种池的进出水必须分开，便于管理和预防鱼病。鱼种池的形状最好为长方形，便于施肥和拉网。池埂应平直，池底平坦，拉网方便，捕捞率也高。池塘淤泥在 8～10 厘米深为宜，有利于肥水，淤泥过深拉网操作困难，容易搅浑池水，使鱼窒息。而且淤泥中含大量的有机质，它在分解时产生大量的硫化氢和沼气等对鱼类有害的物质，容易造成鱼类患病。

## 二、放养前的准备

### （一）池塘清整

池塘清整是培育鱼种工作的一个重要环节。这个环节做的好与坏，对鱼种的成活率、生长速度和体质强弱都有很大的影响。除了新挖的池塘外，在放养鱼之前，都必须彻底清整。因为养过鱼的老塘，往往存在许多使鱼生病的病菌和寄生虫及其包囊和虫卵，有的还有水草、螺类和蚌类等，这些都必须彻底清除，减少对鱼类的伤害。过多的淤泥，有条件的也应当挖掉。池塘清整一般包括修整和清塘两个环节。

### （二）药物清池

1. 生石灰消毒

干池消毒选晴天进行，排干池水，留积水 15～20 厘米，全池泼洒石灰浆，并用木耙搅动，使石灰分布均匀，消毒彻底。7～10 天药性消失。

2. 漂白粉消毒

漂白粉要求含有效氯 30%，干池消毒，带水消毒，溶水全池泼洒，5～10 天药性消失。漂白粉极易挥发和受潮分解，要注意密封保存，且具有很大的腐蚀性，在使用时要用木桶溶解，不要接触皮肤和衣物。

3. 茶粕消毒

茶粕含有皂角素，为一种溶血性毒素。采用茶粕消毒，平均水深 1 米，将茶枯打碎成小块，用水缸或木桶装上浸泡一昼夜，也可用开水密封浸泡 30 分钟，用时加水全池泼洒。茶粕消毒能杀死野杂鱼、敌害及部分水生昆虫，但对细菌没有杀灭作用。具体用量见表 5-1。

表 5-1　　　　清池药物种类、用量及用法

| 药物种类 | 用量（千克/公顷） | | 操作方法 | 毒性消失时间（天） |
|---|---|---|---|---|
| | 水深 0.2 米 | 水深 1.0 米 | | |
| 生石灰 | 900～1050 | 1800～2250 | 用水溶化后趁热全池泼洒 | 7～10 |
| 茶　粕 | — | 600～750 | 碾碎后加水浸泡一夜，然后对水全池泼洒 | 5～10 |

续表

| 药物种类 | 用量（千克/公顷） | | 操作方法 | 毒性消失时间（天） |
|---|---|---|---|---|
| | 水深0.2米 | 水深1.0米 | | |
| 漂白粉 | 60～120 | 202.5～225 | 用水溶化后,随即全池泼洒 | 3～5 |

注：漂白粉有效氯含量为30%。

### （三）注水

鱼种塘加水环节相对比较重要，进水口用纱网过滤，必须是密眼纱网，严防野鱼鱼卵进入到池中，影响鱼苗的成活率。加水不要太深，一般为40～60厘米为宜。因为这时的鱼苗活动范围很小，不需要深水，并且浅水容易提高水温，也节约肥料，有利于鱼苗的生长和浮游生物的繁殖。但水太浅时，水质水温变化太快，也不利于鱼苗的生长。乌仔和夏花鱼在分塘后的池水可以加至1米左右，鱼种池可灌至1.5～2米。

### （四）施基肥

施基肥是为了使鱼苗在下塘后就有充足的天然饵料可吃，提高鱼苗的成活率和生长速度。这也是所谓的肥水下塘。肥水下塘以施有机肥作为基肥为主，施入池塘后，首先产生细菌和浮游植物，4天后达到高峰，之后出现浮游动物，在施肥后4～7天可以达到高峰，首先出现的是原生动物，其次是轮虫，再次是枝角类，最后是桡足类。

放鱼前4～7天，鱼苗或鱼种池中应施粪肥3000～7500千克/公顷或绿肥3000～4500千克/公顷，新挖鱼池应增加施肥量或增施化肥75～150千克/公顷。鱼苗下塘时，池中饵料生物应保持轮虫在5000～10000个/升，大型枝角类过多时应用敌百虫杀灭。

鱼苗下塘时水色以灰白色为最好，这样的水中含轮虫、枝角类及桡足类的幼体等小型浮游动物最为丰富，这些都是鱼苗的适口饵料。鱼种养殖阶段，肥水下塘最为重要，关系到苗种的成活率以及出塘规格。做好此环节有利于后期管理，形成良性循环。

### （五）试水

放鱼前1天，将少量鱼苗或夏花鱼种放入池内网箱中，经12～24小时观察鱼的动态，检查池水药物毒性是否消失。同时还须用密网在池中拉网1～2次，若发现野鱼或敌害生物须重新清池。

# 第二节　鱼苗放养操作技术

## 一、鱼苗暂养

采用塑料袋充氧密闭运输的鱼苗，鱼体内往往含有较多的二氧化碳，特别是经过长途运输的鱼苗，血液中二氧化碳浓度很高，可使鱼苗处于麻醉甚至昏迷状态（肉眼观察，可见袋内鱼苗大多沉底打团）。如将这种鱼苗直接下塘，成活率极低。因此，经长距离运输的鱼苗，必须先放在鱼苗箱中暂养。暂养前，先将鱼苗袋浸入池内，待鱼苗袋内外水温接近相同（一般需 15～30 分钟）后，开袋将鱼苗缓慢放入池内的暂养箱中。暂养时，应经常在箱外划动池水或采用淋水方法增加箱内水的溶氧。一般经过 0.5～1.0 小时的暂养，鱼苗血液中过多的二氧化碳均已排出，鱼苗集群在网箱内逆水游泳，此时可以开始放养。

## 二、饱食下塘

鱼苗下塘前应投喂蛋黄，使鱼苗饱食后下塘，其目的是加强鱼苗下塘后的觅食能力和提高鱼苗对新环境的适应能力。据测定，饱食下塘的草鱼苗与空腹下塘的草鱼苗忍耐饥饿的能力差异很大。同样是孵出 5 天的鱼苗（5 日龄苗），空腹下塘的鱼苗至 13 日龄全部死亡，而饱食下塘鱼苗此时仅死亡 2.1%。

## 三、放养密度

鱼苗池放养的密度对鱼苗的生长速度和成活率有很大的影响。一般来讲，在合理的放养密度下，鱼苗的生长率和成活率都较高。密度过大则鱼苗生长缓慢，成活率也低；密度过小，虽然鱼苗生长快，成活率高，但是浪费水面，肥料和饵料的利用率低，使成本增高。鱼苗的合理放养密度主要依据池塘条件、鱼苗的种类与体质、鱼苗培育方法以及管理水平等情况灵活掌握。鱼苗体质好，水源方便，肥料和饵料充足，鱼池条件好，饲养技术水平高，放养密度就可适当大一些，反之，放养密度应小些。具体见表 5-2。

表 5 - 2　　　　　　　育成夏花鱼种的鱼苗放养情况　　　　万尾/公顷

| 地　区 | 鲢、鳙 | 鲤、鲫、鳊、鲂 | 青鱼、草鱼 |
|---|---|---|---|
| 长江流域及以南地区 | 150～180 | 225～300 | 120～150 |
| 长江流域以北地区 | 120～150 | 180～225 | 90～120 |

鳊、鲂鱼苗先以 225 万～375 万尾/公顷，培育 10～15 天，鱼体全长达到 1.7～2.7 厘米后拉网分池，再以 45 万～75 万尾/公顷，培育 20～25 天，鱼体全长达到 5.0～6.7 厘米后分池。

## 四、投饲与施肥

### (一) 以豆浆为主的培育方法

豆浆泼入池塘一部分直接被鱼苗摄食，而大部分则起肥料的作用。所以，目前一般都改为豆浆和有机肥料相结合的培育方法。

大豆磨浆前须先加水浸泡 5～7 小时，至两片子叶间微凹时，出浆率最高，使用豆饼也要完全泡开。一般每 3 千克大豆可磨成 50 千克豆浆。豆浆磨好后滤出豆渣，立即投喂，若停留时间过久会产生沉淀。

鱼苗下塘 1～5 天主要以轮虫为食，为维持池内轮虫数量，鱼苗下塘当天开始泼洒豆浆。每天上午、中午、下午各泼洒一次，每次每亩池塘泼洒 15～17 千克豆浆（约需 1 千克干黄豆），全池泼洒，以延长豆浆颗粒在水中的悬浮时间。

鱼苗下塘后 6～10 天，主要以小型枝角类等为食。每天需泼洒豆浆 2 次（上午 8 时～9 时，下午 13 时～14 时），每次每 667 平方米豆浆数量可增加到 30～40 千克。在此期间，选择晴天上午追施一次腐熟粪肥，每 667 平方米施 100～150 千克，全池泼洒，以培养大型浮游动物。

鱼苗下塘后 11～15 天，水中大型浮游动物已剩下不多，不能满足鱼苗生长需要，鱼苗的食性已发生明显转化，开始在池边浅水寻食。此时，应改投豆饼糊或磨细的酒糟等精饲料，每天每 667 平方米用干豆饼 1.5～2.0 千克。投喂时，应将精饲料堆放在离水面 20～30 厘米的浅滩处供鱼苗摄食。如果此阶段缺乏饵料，成群鱼苗会集中到池边寻食。时间一长，鱼苗则围绕池边成群狂游，驱赶也不散，呈跑马状，故称"跑马病"。因此，这一阶段必须投以数量充足的精饲料，以满足鱼苗生长需要。

鱼苗下塘 16～20 天，鱼苗已达到夏花规格，此时豆饼糊的数量需进一步增加，每天 1 亩池塘的投喂量需要干豆饼 2.5～3.0 千克。草鱼、团头鲂鱼苗池每天每万尾夏花还需投喂芜萍 10～15 千克。用上述饲养方法，每饲喂 1 万尾夏花鱼种通常需黄豆 3～6 千克，豆饼 2.5～3.0 千克。

### （二）以绿肥为主的培育方法

绿肥培育淡水鱼苗的方法，指一些无毒、茎叶鲜嫩的菊科和豆科植物，现在泛指绿肥。大草施肥的方法是在池边浅水处堆放大草，以 150 千克左右为一堆。晴日 2～3 天后，草料腐烂分解，水色渐呈褐绿色；每隔 1～2 天翻动一次草堆，促使养分向池中扩散，约 7～10 天后将不易腐烂的残渣捞出。培育鲢、鳙鱼苗的池塘，水质要求较肥，施用大草的数量较多些，一般每 3～4 天每 667 平方米施 200～250 千克。培育草鱼苗的池塘，水质要求稍淡，投草量可少些，鱼苗下塘后每 3 天每 667 平方米施 150～200 千克。如大草不足或饵料生物缺乏，鱼苗生长缓慢时，每天每 667 平方米投喂米糠或豆饼糊等精料 1.5～2.5 千克。也可以用鲜嫩的水草（如凤眼莲、水浮莲等）打成草浆投喂，每天每 667 平方米施 50～70 千克。池塘投放大草后有机物耗氧量增高，池水的溶氧量迅速下降。所以在追肥时必须采取少量多次、均匀投放的方法。培育后期视水质与鱼苗生长情况适当泼洒豆浆或在池边堆放豆饼糊。育成 1 万尾规格 3 厘米以上的夏花鱼种需绿肥 75～100 千克和黄豆或豆饼 1.5～2.0 千克。

### （三）以粪肥为主的培育方法

施粪肥培育鲤科鱼类鱼苗在长江流域比较常见。粪肥一般使用猪、马、牛粪尿和人粪尿较多。将粪肥预先与少量石灰混合后密封，经过充分发酵腐熟。在鱼苗下塘前 8～10 天每 667 平方米先施基肥 300～400 千克肥水。鱼苗放养后每日泼洒经发酵的粪肥 2 次，每次 450～600 千克/公顷，培育期间应根据水质与鱼苗生长情况，适当增减，草鱼、鲤鱼、鲫鱼苗在培育后期还应在池边堆放豆渣或豆饼糊。育成 1 万尾全长 3 厘米以上的夏花鱼种，需粪肥 80～100 千克和黄豆 1～2 千克。以有机肥为主时每次每公顷有机肥用量为 1500～2250 千克，加化肥 75 千克（氮磷比为9∶1）；若单用化肥每次用量为 150 千克［氮磷比为（4～7）∶1］，隔天使用。

施肥量和间隔时间必须视水色、溶氧量和天气等情况灵活掌握。培育鲢、鳙的鱼苗池，水色以褐绿或油绿色为好，草鱼池应呈茶褐色，肥而带爽，施肥量较鲢、鳙鱼池少，阴雨天或天气突然变化不施肥，施粪肥应掌握少施勤施的原则。

## 五、日常管理

### （一）定时巡塘

每日早晨、中午和晚上分别巡塘一次，观察水色和鱼种的动态。早晨如鱼类浮头过久，应及时注水解救。下午检查鱼类吃食情况，以便确定次日的投饵量。经常清除池边杂草和池中杂物，清洗食台并进行食台、食场的消毒，以保持池塘卫生。

### （二）适时注水，改善水质

通常每月注水 2～3 次。以草鱼为主体鱼的池塘更要勤注水。在饲养早期和后期每 3～5 天加水一次，每次加水 5～10 厘米；7～8 月份应每隔 2 天加水 1 次，每次加水 5～10 厘米，以保持水质清新。由于鱼池载鱼量高，故必须配备增氧机，每千瓦负荷不大于 667 平方米，并做到合理使用增氧机。

### （三）定期检查鱼种生长情况

如发现生长缓慢，必须加强投饵。如个体生长不均匀，应及时拉网，进行分塘饲养。

### （四）做好防洪、防逃和防治病害等工作

夏花鱼种出塘时，经过 2～3 次拉网锻炼，鱼种易擦伤，鱼体往往容易寄生车轮虫等寄生虫。故在鱼种下塘前，必须采用药物浸浴。通常将鱼种放在 20 毫克/升的高锰酸钾溶液中浸浴 15～20 分钟，以保证下塘鱼种具有良好的体质。在 7～9 月的高温季节，每隔 20～30 天用 30 克/立方米的生石灰水全池泼洒，以提高池水的 pH 值，改善水质，防止鱼类患烂鳃病。此外，在汛期、台风季节，必须及时加固加高池埂，保持排水沟、渠的通畅，做好防洪和防逃工作。

### （五）做好日常管理的记录

鱼种池日常管理是经常性工作，为提高管理的科学性，必须做好放养、投饵施肥、加水、防病、收获等方面的记录和原始资料的分析、整理，并做到定期汇总和检查。

# 第三节 鱼种培育操作技术

## 一、鱼种池条件

鱼种池的条件与鱼苗池相似，但面积和深度稍大一些，一般面积要求 2000～3500 平方米，深度 1.5～2.5 米为宜。其整塘、清塘方法同鱼苗培育池。经过夏花培育阶段，尽管鱼种的食性已经分化，但对浮游动物均喜食。因此，鱼种池在夏花下塘前应施有机肥料以培养浮游生物，这是提高鱼种成活率的重要措施。一般每亩施用 200～400 千克粪肥作为基肥。以鲢鱼、鳙鱼为主体鱼的池塘，基肥应适当多一些，鱼种控制在轮虫高峰期下塘；以青鱼、草鱼、团头鲂、鲤鱼为主体鱼的池塘，应控制在小型枝角类高峰期下塘。此外，以草鱼、团头鲂为主体鱼的池塘还应在原池培养芜萍或小浮萍，作为鱼种的适口饵料。近年来，各地采用配合饲料进行鱼种培育的池塘，可以不施或少施有机肥料。

## 二、夏花鱼放养

### (一) 放养时间
5～7 月当夏花鱼种全长达到 3 厘米以上时应及时分池放养。

### (二) 混养搭配
由于各种鱼类鱼种阶段的活动水层、食性、生活习性已有明显差异，因此可以将多种鱼进行适当的混养搭配，以充分利用池塘水体和天然饵料资源，发挥池塘的生产潜力。但是，鱼种培育阶段要求生产出规格整齐、体格健壮的鱼种，由于各种鱼类对所投喂的人工饲料均喜食，容易造成争食现象，难以掌握鱼种的出塘规格。所以，一般生产上选择一种主体鱼，适当搭配几种食性相差不大的其他鱼种，做到彼此互利，提高池塘利用率和鱼种成活率。

鱼种池混养搭配必须注意鲢鱼与鳙鱼，草鱼与青鱼、鲤鱼，草鱼、鲢鱼之间的关系。

如鲢鱼与鳙鱼，在放养密度大、以投饵为主的情况下，它们之间在摄食上就发生矛盾。鲢鱼行动敏捷，争食力强，而鳙鱼则行动迟缓，争食力弱。如果鲢鱼、鳙鱼混养，鳙鱼因得不到充足的饵料而生长不良。因此，同一规格的鲢、鳙鱼通常不混养。如要混养，只可在以鲢鱼为主的池塘中搭配少量鳙鱼（一般在 20％以下），即使鳙鱼少吃投喂的饲料，也可依靠池中的天然饵料维持正常生长。而在以鳙鱼为主的池塘中，则不能混养同一规格的鲢鱼，即使混养少量鲢鱼，也因抢食凶猛，有可能对鳙鱼生长带来不良影响。草鱼与青鱼、鲤鱼的关系和鲢鱼与鳙鱼的关系相似。另外，利用同池主体鱼和配养鱼在规格上的差距来缩小或缓和各种鱼种之间的矛盾，大大增加了鱼种混养的种类和数量，充分发挥鱼种池中水、种、饵的生产潜力。主体鱼提前下塘，配养鱼推迟放养，人为地造成各类鱼种在规格上的差异，提高主体鱼对饵料的竞争能力，使主体鱼和配养鱼混养时，主体鱼具有明显的生长优势，保证主体鱼能达到较大规格。

表 5－3　　　　　　　　　　　　各种鱼类混养比例表

| 主养鱼 / 混养鱼 | 草鱼 | 鳊鱼或鲂鱼 | 鲢鱼 | 鳙鱼 | 青鱼或鲤 | 鲫鱼 |
|---|---|---|---|---|---|---|
| 草鱼 | 50 | — | 20 | 20 | 10 | 10 |
| 鳊鱼或鲂鱼 | — | 50 | 10 | 10 | — | 10 |
| 鲢鱼 | 30 | 30 | 50 | — | — | 10 |
| 鳙鱼 | 10 | 10 | 10 | 50 | 30 | 20 |
| 青鱼或鲤鱼 | — | — | — | 10 | 50 | — |
| 鲫鱼 | 10 | 10 | 10 | 10 | 10 | 50 |
| 合计 | 100 | 100 | 100 | 100 | 100 | 100 |

注：①鲂鱼与鳊鱼、青鱼与鲤鱼、鲫鱼与白鲫或异育银鲫在放养时一般只放一种；②以鲤鱼为主时，北方地区可按鲤鱼 40％、鲢鱼 30％、草鱼 20％、鳙鱼 10％的比例混养。

## 三、放养密度

夏花放养的密度主要依据食用鱼水体所要求的鱼种放养规格而定。鱼种的出塘规格主要决定于主体鱼和配养鱼的放养密度、鱼的种类、池塘条件、饵料、肥料供应情况和饲养管理水平等。池塘条件好，饵料和肥料充足，养鱼技术水平高，配套设备较好，就可以增加放养量；反之则减少放养量。从夏花鱼种养成一龄鱼种的放养密度、成活率、出塘规格和产量指标见表 5－4。

表 5 - 4                    夏花鱼种放养情况表

| 地区 | 放养密度（万尾/公顷） | 培育期（天） | 成活率（%） | 规格（厘米） | | 产量（千克/公顷） |
|---|---|---|---|---|---|---|
| | | | | 青草鲢鳙 | 鲤鲫鳊鲂 | |
| 长江流域及以南地区 | 15～22.5 | 120～180 | 80～85 | ≥13.3 | ≥12 | 3750～5250 |
| 长江流域以北地区 | 12～18 | 80～120 | 80～85 | ≥13.3 | ≥12 | 2625～3750 |

注：1）规格指鱼体全长；2）如条件优越，管理水平高，可适当增加放养量，产量可超过 7500 千克/公顷。

## 四、投饲

### （一）投饲原则

投饲要掌握四定原则。

定时：精饲料在每日上午 8～10 点钟，下午 2～4 点钟两次投喂，青饲料每日投喂一次，一般比精饲料早投 1～2 小时。

定点：精饲料应投在饲料台上，夏花鱼种放养后，应先在饲料台周围泼洒，然后逐渐缩小范围，引导鱼到饲料台上摄食，每个饲料台面积约为 1～2 平方米，每 0.5 万尾左右鱼种架设一个饲料台，青饲料投入饲料框内，螺蛳、黄蚬轧碎后投于食场中。

定质：青饲料应鲜嫩适口，精饲料不得霉烂变质，应按各种鱼类营养需要配制成颗粒饲料。

定量：投饲应做到适量均匀，以精饲料每次投喂后 2～3 小时吃完、青饲料 4～5 小时吃完为宜。阴雨天、鱼病流行时期投饲量应酌情减少。

### （二）草鱼、鲂、鳊的投饲

草食性鱼类应以青饲料为主，不论是主养还是作为混养，每生产 1 千克草食性鱼的鱼种，青饲料投饲量均不应少于 5 千克。

表 5 - 5          长江中下游地区培育草食性鱼类鱼种的投饲量

| 鱼种规格（厘米） | 青饲料种类 | 青饲料量（千克/天·万尾） | 精饲料量（千克/天·万尾） | 水温（℃） |
|---|---|---|---|---|
| 3～7 | 草浆、芜萍 | 20～40 | 1～2 | 28～32 |

续表

| 鱼种规格（厘米） | 青饲料种类 | 青饲料量（千克/天·万尾） | 精饲料量（千克/天·万尾） | 水温（℃） |
|---|---|---|---|---|
| 7～8 | 小浮萍、草浆、嫩草、轮叶黑藻 | 60～100 | 2 | 30～32 |
| 8～9 | 紫背浮萍、草浆、嫩草 | 100～150 | 2 | 28 |
| 9～12 | 苦草、苦荬菜、嫩草 | 150～200 | 2～3 | 22 |
| 12～15 | 苦草、嫩草 | 75～150 | 2～3 | 15 |

**（三）青鱼的投饲**

培育青鱼种应以精饲料为主，适当投喂些动物性饲料，精饲料以豆饼效果较好，动物性饲料多采用轧碎螺蛳、黄蚬。

表 5 - 6　　　　　长江下游地区青鱼鱼种投饲量

| 鱼种规格（厘米） | 饲料种类 | 每日投喂量（千克/万尾） | 水温（℃） |
|---|---|---|---|
| 3～5 | 豆饼糊 | 1.2～2.5 | 28～30 |
| 5～8 | 豆饼糊菜饼糊 | 2.5～5.0 | 30～32 |
| 8～12 | 轧碎螺蛳黄蚬 | 30.0～120.0 | 22～28 |
| ＞12 | 豆饼糊菜饼糊 | 1.5～3.0 | 15 |

**（四）鲢、鳙鱼的投饲**

夏花鲢鱼种放养后，每10天左右施绿肥或粪肥1500～3000千克/公顷，培育池中浮游生物。同时还应投喂精饲料，投饲量随鱼种的生长而逐渐增加，从1千克/万尾增加至3千克/万尾，以后随水温下降而减少。鳙鱼种培育池水质应较鲢鱼池更肥些，施肥量与精饲料的投放量比鲢鱼增加三分之一。

**（五）鲤、鲫鱼的投饲**

鲤以精饲料为主，投饲量由每日1千克/万尾逐渐增加到5千克/万尾，当全长达到10厘米以上时可投喂些轧碎螺蛳、黄蚬，每日投放量为50～100千克/万尾。鲫鱼以精饲料为主，投饲量约为鲤鱼的三分之二。

## 五、施肥

鲢、鳙鱼及白鲫为主的池塘应多施肥，青鱼、草鱼、鳊、鲂为主的池塘少施肥；水质清瘦的池塘多施肥，水质肥且鱼种经常浮头的池塘应少施肥；晴天多施肥，阴雨天少施或不施肥。以鲢、鳙、白鲫为主的池塘施有机肥总量为 30000～45000 千克/公顷；以其他鱼为主的池塘施有机肥总量为 15000～22500 千克/公顷。

每 2～3 天将粪肥或混合堆肥的肥汁 450～750 千克/公顷（可加过磷酸钙 300 克）对水全池泼洒；化肥每隔 5～10 天追施一次，每次 75 千克/公顷，对水全池泼洒。或者采用堆放法：每 10 天左右将粪肥或绿肥按 2250～3750 千克/公顷堆放在池边浅水处。

## 六、日常管理

1. 每天巡塘不应少于 2～3 次。清晨观察水色和鱼的动态，发现严重浮头或鱼病应及时处理。上午投饲与施肥时应注意水质与天气变化，下午清洗饲料台检查吃食情况，并做好日常管理工作的记录。每隔 15 天左右加水一次，每次池水加深 10～15 厘米。并做好池塘消毒、鱼种消毒，鱼种出入池塘必须检疫和药物消毒。饲料台、饲料框、食场的消毒，在鱼病流行季节，每半月消毒一次。

2. 发现鱼病，认真检查，正确诊断，及时治疗。

3. 鱼种筛选。长江流域以北地区自 8 月初开始，长江流域及以南地区自 10 月初开始，每隔 10～15 天拉网检查各类鱼种生长情况，如果规格相差悬殊，应及时采用鱼筛筛选分养，调整投饲施肥数量，以保证各类鱼种出塘规格整齐。

## 七、并塘与越冬

秋末冬初，水温降至 10 ℃以下，鱼种已停止摄食，即可开始拉网并塘，按鱼种的种类和规格进行分塘，作为商品鱼养殖之用或进入越冬池暂养，确保安全过冬。

### （一）并塘目的

鱼种按不同种类和规格进行分类，计数围养，利于运输和放养。并塘后将鱼种围养在较深的池塘中安全越冬，便于冬季管理。并塘能全面了解当年鱼种生产情况，总结经验，提出下年度放养计划。空出鱼种池进行整塘清塘，为翌年生产做好准备。

**（二）并塘注意事项**

并塘时应在水温 5～10 ℃ 的晴天拉网捕鱼、分类归并。如果水温偏高，因鱼类活动能力强，耗氧大，操作过程中鱼体容易受伤；而水温过低，特别是严冬和雪天不能并塘，否则鱼体易冻伤，造成鳞片脱落，易生水霉病。并塘前鱼种应停食 3～5 天。拉网、捕鱼、选鱼、运输等工作应小心细致，避免鱼体受伤。选择背风向阳，面积 1500～2000 平方米，水深 2 米以上的鱼池作为越冬池。通常规格为 10～13 厘米的鱼种，每 667 平方米可囤养 5 万～6 万尾，如果规格较大的鱼种，囤养的密度相应要减小。

**（三）越冬管理**

鱼种经筛选分类后应认真核产、分类并入池塘。长江流域及以南地区在春节前将鱼种放养在食用鱼养殖池中，一般不需专池越冬；长江流域以北地区冬季冰封期长，需专池越冬。越冬水质应保持一定的肥度，及时做好投饵、施肥工作。一般每周投饵 1～2 次，保证鱼种越冬的基本营养需求。长江以北，冬季冰封季节长，应采取增氧措施，防止鱼种缺氧。加注新水，防止渗漏。加注新水不仅可以增加溶氧，而且还可以提高水位，稳定水温，改善水质。此外，应加强越冬池的巡视。

# 第四节　大宗淡水鱼鱼苗、夏花及 1 龄鱼种质量鉴别

## 一、鱼苗种类及质量鉴别

**（一）鱼苗的种类鉴别**

了解鱼苗的种类特征以及质量的优劣有助于提高鱼苗的培育成活率，主要养殖鱼类可根据体形、鳔的特点、色素和尾鳍等情况区分种类（见表 5-7）。

表 5-7　　　　　　　　　主要养殖鱼类鱼苗外形特征

| 鱼苗 | 体形 | 体色 | 色素 | 鳔 | 尾 |
|------|------|------|------|-----|-----|
| 草鱼 | 较青鱼、鲢、鳙短小，但比青鱼胖 | 淡橘黄色 | 明显，起于鳔前 | 椭圆，较狭长而小，距头较近 | 尾小，笔尖状，具红色血管 |

续表

| 鱼苗 | 体形 | 体色 | 色素 | 鳔 | 尾 |
|---|---|---|---|---|---|
| 青鱼 | 体长，略呈弯曲，俗称"驼背青鱼" | 淡黄色 | 灰黑色，明显直达尾端，在鳔处略向背部弯曲 | 椭圆形，较狭长，前钝后尖 | 有不规则小黑点，俗称"芦花尾" |
| 鲢 | 体平直，仅小于鳙、青鱼苗 | 灰白或灰黑 | 明显，自鳔前到尾部，但不到脊索末端 | 椭圆，前钝后尖 | 上下叶具两个黑点，上小下大 |
| 鳙 | 体较大，肥胖 | 嫩黄 | 黄色，较直，在肛门后不明显 | 椭圆形，较鲢大，距头部远 | 蒲扇形，上下叶具有一黑点 |
| 鲤 | 体粗而短，头大，鳔后部渐小 | 浅黄色 | 灰黑色 | 卵圆形，后端稍尖 | 尖细 |
| 鲫 | 体短小，楔形，鳔后部逐渐变小 | 浅黄色 | 黑色 | 卵圆形，前钝后尖 | 尾鳍椭圆形，下叶有不规则黑色素丛 |

### （二）鱼苗的质量鉴别

鱼苗因受孵化环境以及鱼卵质量的影响，体质有强有弱，挑选出体质健壮的优质苗对于提高鱼苗培育的成活率有重要意义。生产上可根据鱼苗的体色、游泳情况和挣扎能力来区别鱼苗的优劣（见表5-8）。

表5-8　　　　　　　　　　　家鱼鱼苗质量优劣鉴别

| 鉴别方法 | 优 质 苗 | 劣 质 苗 |
|---|---|---|
| 体色 | 群体色素相同，无白色死苗，身体清洁，略带微黄色或稍红 | 群体色素不一，为"黄色苗"，具白色死苗。鱼体拖带污泥，体色发黑带水 |
| 游泳情况 | 在容器内，将水搅动产生漩涡，鱼苗在漩涡边缘逆水游泳 | 鱼苗大部分被卷入漩涡 |
| 抽样检查 | 在白色瓷盆中，口吹水面，鱼苗逆水游泳。倒掉水后，鱼苗在盆底剧烈挣扎，头尾弯曲成圆圈状 | 在白瓷盆中，口吹水面，鱼苗顺水游泳。倒掉水后，鱼苗在盆底挣扎力弱，头尾仅能扭动 |

鱼苗培育过程常出现的 4 类劣质苗：

1. 畸形苗：主要受鱼卵质量和孵化环境的影响，导致孵化出的鱼苗发生畸形，畸形苗游泳能力差，一般不能培育发育至夏花。

2. 杂色苗：一个孵化装置中放入了两批间隔时间较长的鱼卵，导致孵化的鱼苗规格不一致，嫩老混杂。

3. "困花"苗：鱼苗在胸鳍出现后，鱼鳔未充气，不能上下游动。困花苗大部分静止在水底，由于不能吞食外界食物，主要依靠卵黄囊提供营养物质，体质较差，运输过程易死亡。

4. "胡子"苗：培育过程中由于水温较低，发育迟缓，或因销售较晚，鱼苗在孵化器中或网箱囤养时间过长，鱼苗顶水时间长，能量消耗过大，使得强苗变弱苗。

因此，在购买鱼苗时一定要根据以上的规则，筛选出优质苗进行培育养殖，以提高鱼苗的成活率。

## 二、夏花鱼种类及质量鉴别

### （一）夏花鱼种类鉴别

主要养殖鱼类的夏花已发育成稚鱼，主要的形态特征已逐渐明显，特别是鲤、鲫和鳊鱼与成鱼的形态特征已基本相似，其他主要养殖鱼类夏花的形态特征：

1. 青鱼：体色成青黄色，鳞片不清晰，吻尖，尾柄下端有菱形的黑色素。

2. 草鱼：体色成淡金黄，鳞片清晰，吻钝额阔。

3. 鲢鱼：体色成银白，腹鳍和臀鳍之间还有鳍褶，尾鳍近尾柄处呈淡黄色，腹棱由肛门至胸部。

4. 鳙鱼：体色金黄，尾鳍近尾柄处呈显著黄色，仅肛门至腹鳍之间有腹棱。

### （二）夏花质量鉴别

生产上主要从出塘规格、体色、活动情况以及体质来鉴别夏花的优劣（见表 5 - 9）。

表 5 - 9　　　　　　　　　　　　夏花鱼种质量鉴别

| 鉴别方法 | 优质夏花 | 劣质夏花 |
| --- | --- | --- |
| 看出塘规格 | 同种鱼出塘规格整齐 | 同种鱼出塘个体大小不一 |

续表

| 鉴别方法 | 优质夏花 | 劣质夏花 |
|---|---|---|
| 看体色 | 体色鲜艳、有光泽 | 体色暗淡无光、变黑或变白 |
| 看活动情况 | 行动活泼，集群游动，受惊后迅速潜入水底，不常在水面停留，抢食能力强 | 行动迟缓，不集群，在水面漫游，抢食能力弱 |
| 抽样检查 | 鱼在白瓷盆中狂跳，身体肥壮头小，背厚，鳞鳍完整，无异常现象 | 鱼在白瓷盆中很少跳动；身体瘦弱，背薄，俗语称"瘪子"；鳞鳍条残缺，有充血现象或异物附着 |

### 三、1龄鱼种质量鉴别

1龄鱼种的形态特征已非常明显，因此不需要进行种类鉴别。1龄鱼种质量优劣的鉴别采用"四看、一抽样"的方法进行鉴别。

**（一）看出塘规格是否均匀**

同种鱼，凡是出塘规格均匀的，通常体质健壮；个体差距大，则一般成活率较低。

**（二）看体色**

优质鱼的体色：青鱼体色青灰白色，鱼种越健壮，体色越淡；草鱼体色淡金黄色，灰黑色网纹鳞片明显；鲢鱼背部银灰色，两侧及腹部呈灰白色；鳙鱼淡金黄色，鱼体黑色斑点不明显。如果鱼种体色较深或呈乌黑色的鱼种则多是病鱼或是体质较差。

**（三）看光泽**

健壮的鱼种体表一般有一层薄黏液，用于保护鳞片和皮肤，免受病菌入侵，因此体表有一定的光泽。

**（四）看游泳情况**

健壮的鱼种游泳活泼，逆水性强，体质较弱的则相反。

**（五）抽样检查**

一般选择同种规格的鱼种称取 0.5 千克，计算尾数，一般优质鱼种规格如下（见表 5-10）。

表 5－10　　　　　　　　　　　优质鱼种规格鉴定表

| 鲢鱼 | | 鳙鱼 | | 草鱼 | | 青鱼 | | 鳊鱼 | |
|---|---|---|---|---|---|---|---|---|---|
| 规格（厘米） | 尾/500克 | 规格（厘米） | 尾/500克 | 规格（厘米） | 尾/500克 | 规格（厘米） | 尾/500克 | 规格（厘米） | 尾/500克 |
| 16.6 | 11 | 16.6 | 10 | 19.6 | 5.8 | 14.0 | 16 | 13.3 | 20 |
| 16.3 | 12 | 16.3 | 11 | 19.3 | 6.1 | 13.6 | 20 | 13.0 | 21 |
| 16.0 | 13 | 16.0 | 12 | 19.0 | 6.3 | 13.3 | 25 | 12.6 | 23 |
| 15.6 | 14 | 15.6 | 13 | 17.6 | 8 | 13.0 | 29 | 12.3 | 29 |
| 15.3 | 15 | 15.3 | 14 | 17.3 | 9 | 12.0 | 32 | 12.0 | 35 |
| 15.0 | 16 | 15.0 | 15 | 16.3 | 11 | 11.6 | 35 | 11.6 | 38 |
| 14.6 | 17 | 14.6 | 16 | 15.0 | 15 | 10.6 | 46 | 11.3 | 41 |
| 14.3 | 18 | 14.3 | 17 | 14.6 | 16 | 10.3 | 48 | 11.0 | 44 |
| 14.0 | 19 | 14.0 | 18 | 14.3 | 17 | 10.0 | 52 | 10.6 | 49 |
| 13.6 | 20 | 13.6 | 19 | 14.0 | 18.4 | 9.6 | 56 | 10.3 | 53 |
| 13.3 | 20 | 13.3 | 21 | 13.6 | 20 | 9.3 | 60 | 10.0 | 60 |
| 13.0 | 24 | 13.0 | 22 | 13.3 | 24 | 9.0 | 65 | 9.6 | 65 |
| 12.6 | 27 | 12.6 | 23 | 13.0 | 26 | 8.6 | 71 | 9.3 | 71 |
| 12.3 | 30 | 12.3 | 26 | 12.6 | 29 | 8.3 | 75 | 9.0 | 84 |
| 12.0 | 32 | 12.0 | 29 | 12.3 | 30 | 8.0 | 78 | 8.6 | 114 |
| 11.6 | 35 | 11.6 | 32 | 12.0 | 33 | 7.6 | 85 | 8.3 | 119 |
| 11.3 | 37 | 11.3 | 35 | 11.6 | 35 | 7.3 | 93 | 8.0 | 122 |
| 11.0 | 41 | 11.0 | 38 | 11.3 | 40 | 7.0 | 100 | 7.6 | 128 |
| 10.6 | 44 | 10.6 | 41 | 11.0 | 42 | 6.6 | 105 | 7.3 | 144 |
| 10.3 | 48 | 10.3 | 46 | 10.6 | 46 | | | 7.0 | 160 |
| 10.0 | 52 | 10.0 | 49 | 10.3 | 50 | | | 6.6 | 175 |
| 9.6 | 55 | 9.6 | 52 | 10.0 | 54 | | | | |
| 9.3 | 58 | 9.3 | 55 | 9.6 | 56 | | | | |
| 9.0 | 62 | 9.0 | 59 | 9.3 | 62 | | | | |
| 8.6 | 68 | 8.6 | 65 | 9.0 | 67 | | | | |
| 8.3 | 75 | 8.3 | 72 | 8.6 | 72 | | | | |
| 8.0 | 80 | 8.0 | 77 | 8.3 | 76 | | | | |
| 7.6 | 86 | 7.6 | 83 | 8.0 | 80 | | | | |
| 7.3 | 95 | 7.3 | 92 | 7.6 | 85 | | | | |
| 7.0 | 102 | 7.0 | 100 | 7.3 | 95 | | | | |

# 第五节　淡水鱼鱼苗运输操作规范

## 一、常用装运工具

### (一)塑料袋
1. 规格

塑料袋规格按需要选用或定制,常用规格为:长 70～80 厘米,宽 40～50 厘米。运鱼时实际装水量为有效容积的 1/3～2/5。

2. 质量要求

塑料袋采用透明的聚乙烯薄膜,厚度为 0.07～0.10 毫米,一端熨压封口,袋角呈弧形。塑料袋成型品的卫生要求应符合 GB 9687 的要求。

### (二)橡胶袋

橡胶袋采用橡胶或塑料涂覆的织物制成,规格视需要定制和选用。橡胶袋应结实、耐磨、耐折、无毒、无异味。

### (三)包装箱
1. 泡沫塑料箱

泡沫塑料箱由无毒无害的模塑聚苯乙烯泡沫塑料制成,选用规格应与塑料袋充氧后的尺寸相配合,不宜过大或过小。

2. 瓦楞纸箱

瓦楞纸箱通常采用双瓦楞纸箱。瓦楞纸箱下底上盖内衬垫瓦楞纸板一块,规格与纸箱内尺寸相适应。瓦楞纸箱的选用规格为:用于汽车运输的塑料充氧后的外包装,其选用规格应与塑料袋充氧后的尺寸相适应,不宜过大或过小;用于航空运输泡沫塑料箱的外包装,其选用规格应与泡沫塑料箱外形尺寸相适应。

### (四)帆布桶
1. 结构

帆布桶由帆布袋和支架两部分组成。帆布桶的规格根据需要而定。常用帆布桶的桶底直径为 110 厘米,高 100 厘米,桶口边缘配有用于捆扎的孔眼,桶的上口有内缘,内缘的内口径为 90 厘米。运鱼时每只桶的装水量约为 500 千克。帆布桶的支架用木材或圆钢制作,应方便安装和拆卸。

2. 质量要求

缝制帆布袋的材料用防水帆布、橡胶或塑料涂覆的织物。材料应耐磨、无毒、无异味,不污染水体,缝制结实、牢固。支架应有足够强度,连接处牢固。

**(五) 活鱼箱**

主要由活鱼箱箱体和增氧设备组成。活鱼箱可架设在汽车、火车或运输船上。

活鱼箱箱体常用钢、铝、不锈钢或玻璃钢等材料制成,有敞开式和封闭式两种。敞开式活鱼箱的顶部装鱼口配有可移动的网状盖,底部后缘有排水阀和卸鱼阀;封闭式活鱼箱的顶部装鱼口设置密封盖,底部后缘有排水阀和卸鱼阀。

增氧设备分喷淋式、射流式、充气式和乳化液增氧设备等类型。喷淋式增氧设备由水泵、管路和喷头组成。射流式增氧设备由潜水泵、分水器和射流器等组成;充气式增氧设备由空气压缩机、输气管和气室等组成;乳化液增氧设备由容器、增氧、水净化设备、降温设备和动力机组等组成。

二、运输前准备

**(一) 运输用水**

鱼苗、鱼种运输用水水质应符合 GB 11607 的规定。如用井水、自来水应进行曝气增氧。养殖鱼类苗种运输适宜水温因鱼类的品种不同而异,大宗淡水鱼苗种运输的水温范围是鱼苗为 18～28 ℃,苗种为 5～28 ℃。

**(二) 制订运输计划**

制订详细的运输计划,重点考虑运输苗种的品种、规格、数量和质量,装运工具和运输方式,运输时间,水温、气温、天气状况和运输人员的实践经验等。

鱼种在运输前,应进行拉网锻炼 2～3 次。鱼苗不需要拉网锻炼。

装运器材完好无损,装运前应检查、清洗和消毒,确保清洁。运输苗种的车辆、船只,装运前应清洗干净,不得有任何污染物残留。

**(三) 检验、检疫**

苗种出池前,应进行检验检疫。检验合格的苗种方可销售外运。苗种异地运输前,应进行检疫,并出具检疫证,承运人应凭检疫证方可运输。

### 三、装运操作规范

#### （一）装运操作

装运时，先装入三分之一的清水，检查是否渗漏，确认无漏后，然后计数放入苗种，充氧封口，再套一层塑料袋，再封口，装箱起运。严防途中漏水、跑气。

充氧后的苗种袋，再次检查是否漏水漏气，确认后将苗种袋平置于瓦楞纸箱或泡沫塑料箱内，捆扎包装，即可起运；高温季节，箱内需加冰袋降温。

#### （二）装运密度

塑料袋充氧运输的装运密度应根据运输的品种、规格、苗种质量、运输水温和运输时间具体确定。青鱼、草鱼、鲢、鳙、鲤、鲫、鳊鲂鱼苗种装运密度与运输水温、苗种规格和运输时间的关系见表5-11。

表5-11　塑料袋充氧运输淡水鱼苗种的装运密度与水温、苗种规格和运输时间关系

| 水温℃ | 苗种规格（全长）（厘米） | 装运密度（尾/袋）* | 装运重量（千克/袋） | 运输时间（小时） |
|---|---|---|---|---|
| 20～25 | 鱼苗 | $(10～12)×10^4$ | | |
| | 1.6～2.6 | $(4～6)×10^3$ | — | |
| 25～28 | 2.6～3.6 | $(2～4)×10^3$ | | 10 |
| 5～15 | 3.6～6.6 | $(0.8～1.0)×10^3$ | 6.0～7.5 | |
| | 6.6～10.0 | 400～500 | | |
| 20～25 | 鱼苗 | $(8～10)×10^4$ | | |
| | 1.6～2.6 | $(3.5～5)×10^3$ | — | |
| 25～28 | 2.6～3.6 | $(1.0～1.5)×10^3$ | | 20 |
| 5～15 | 3.6～6.6 | 400～600 | 5～6 | |
| | 6.6～10.0 | 300～400 | | |
| 20～25 | 鱼苗 | $(7～8)×10^4$ | | |
| | 1.6～2.6 | $(3～4)×10^3$ | — | |
| 25～28 | 2.6～3.6 | $(0.8～1.0)×10^3$ | | 30 |
| 5～15 | 3.6～6.6 | 300～450 | 3.5～4.5 | |
| | 6.6～10.0 | 200～300 | | |

注：*为常用的推荐值，实际装运密度应根据运输计划和鱼的种类、苗种的体质状况、天气状况、有无增氧设备及押运人员的实践经验适当增减。

帆布桶运输的装运密度与运输水温、苗种规格和运输时间的关系见表5-12。

表 5-12  帆布桶运输淡水鱼苗种的装运密度与水温、苗种规格和运输时间关系

| 水温<br>(℃) | 苗种规格（全长）<br>（厘米） | 苗种重量<br>（千克） | 装运密度<br>（尾/桶）* | 运输时间<br>（天） |
|---|---|---|---|---|
| 20～25 | 鱼苗 | — | $(30\sim35)\times10^4$ | 1～2 |
| | 1.67～2.67 | — | $(3\sim3.5)\times10^4$ | |
| 25～28 | 3.00～3.67 | — | $(1.6\sim2.0)\times10^4$ | |
| 5～15 | 3.68～6.67 | 50～80 | $(0.9\sim1.3)\times10^4$ | |
| | 6.68～10.00 | 60～90 | $(0.5\sim0.7)\times10^4$ | |
| | 10.01～13.33 | 70～100 | $(0.3\sim0.4)\times10^4$ | |
| | 13.34～16.67 | 75～100 | $(0.15\sim0.20)\times10^4$ | |

注：* 为常用的推荐值，实际装运密度应根据运输计划和鱼的种类、苗种的体质状况、天气状况、有无增氧设备及押运人员的实践经验作适当增减。

活鱼箱运输的装运密度随活鱼运输装置的配套情况而定，鱼水比例一般为 1：（4～5）。实际装运时应参阅活鱼运输装置的说明书。

## 四、运输管理与注意事项

### (一) 运输管理

长途运输中应有专人押运。经常检查装运工具，发现漏水、跑气时，应及时停车采取应急措施。敞开式运输中，应及时清除杂物、脏物；水中泡沫显著增多时，则需换水，换水量为 1/3～1/2，换水时切忌将清水猛冲入桶中。运输中应防雨防晒。

### (二) 注意事项

苗种运输的总原则是快装、快运、快卸，尽量缩短运输时间。装鱼、运输途中换水和苗种下池，水的温差不得大于 2 ℃，换水次数不宜过多。鱼苗的发运时间应适时，太嫩或太老（体色发黑）不可长时间运输。航空运输时，塑料袋充氧量不宜过足，通常为有效容积的 60%～70%。在夏季高温时运输，应注意降温。充气装运时应严禁烟火。

## 五、大宗淡水鱼苗种下池

### (一) 水温调节

投放苗种的鱼池水温与装鱼容器内的水温相差不得过大，应控制在 2 ℃ 以内。当温差过大时，应采用逐步加水调节水温，或直接将装有苗种

的塑料袋放在投放苗种的池水中，避免太阳直晒，待苗种袋内外水温接近时，方可放鱼苗入池。

（二）苗种下池操作

苗种下池地点应选在鱼池的上风口，防止苗种被风浪冲到岸边而致死。湖泊、水库则应选择水质较肥的湾汊。

鱼苗鱼种运到目的地后应在阴凉处立即卸鱼，待水温差低于 2 ℃时以下时，迅速投放。或将苗种置于网箱中，经 0.5～1.0 小时的暂养，并投喂少量蛋黄，使之饱食下池。苗种应用食盐水浸泡消毒后方可下池。

# 第六章　淡水鱼成鱼养殖操作技术

池塘养鱼是我国饲养食用鱼的主要形式，特别是在淡水养殖业中，其总产量占全国淡水养鱼总产量的70%左右。池塘养殖具有投资小、见效快、生产稳定的特点，体现着我国的养殖特色和技巧。

## 第一节　养殖模式的选择与经济指标

为了合理地发挥养殖池塘与养殖鱼类的生产潜力，充分利用饵料，提高水体的鱼产力，通常选用混养模式。混养是根据不同养殖鱼类的生物学特性，如食性、栖息环境等，充分运用它们之间相互有利的一面，将多种养殖鱼类和多规格的鱼类进行高密度混养的养殖模式。混养能充分发挥"水、种、饵"的生产潜力。混养模式的具体优点如下：

一是合理利用水体。一般选择栖息不同水层的鱼类进行混养，鲢、鳙主要栖息在水体的上层，为上层鱼类，草鱼与团头鲂则栖息在水体的中下层，青、鲤和鲫鱼则栖息在水体的底层，将这些不同水层的鱼类进行混养，可以增加池塘的单位面积放养量，提高水体的鱼产量。

二是充分利用饵料。投喂人工精饲料后，大颗粒为个体较大的青、草鱼吞食，一些较小的颗粒则被鲤、鲫鱼和团头鲂食用，更小的食物碎屑则可以供滤食性的鲢、鳙鱼利用，使全部饲料得以充分利用，同时对于维持池塘水体环境的稳定也有重要作用。

三是获得主养鱼类和配养鱼类的双丰收。混养不同规格的鱼种，不仅提高了鱼产力，而且能满足第二年放养大规格鱼种的需要。

四是提高经济、社会和生态效益。通过混养不仅提高了鱼塘产量，提高了养殖户的经济效益；而且可以全年面向市场提供不同规格的活鱼，满足市场需求，创造一定的社会效益。同时混养维持了池塘的生态环境稳定，创造了生态效益。

## 一、主要养殖鱼类之间的关系

### (一) 鲢鱼与鳙鱼

鲢鱼与鳙鱼都以浮游生物为食，但其饵料也有相对不同，鲢鱼更喜食浮游植物，而鳙鱼则喜食浮游动物。在施肥与投喂饲料的池塘中，由于鲢鱼的抢食能力强于鳙鱼，会抑制鳙鱼的生长。此外，一般养殖池塘里浮游植物的数量远多于浮游动物，因此，混养中鲢鱼的放养量要大于鳙鱼的放养量，长江流域的鲢鳙比为（3～5）：1。

### (二) 草鱼与青鱼

草鱼喜食的草类饵料上半年鲜嫩，下半年茎叶变老，质量变差，而青鱼在上半年个体小，食谱范围窄，下半年则贝类的资源量较大，此外，养殖的中后期由于投饵会导致水体过肥，草鱼喜欢清新水质而青鱼耐肥水，因此，生产上上半年主要抓草鱼养殖，通常8月以前使得大规格草鱼达到上市规格，轮捕上市，8月以后则主要抓青鱼的养殖。

### (三) 青鱼、草鱼和鲤鱼、鲫鱼、鳊鱼

青鱼和草鱼个体较大，食量较大，主要食用大颗粒的饵料，而鲤、鲫和鳊个体较小，主要以水体中的小颗粒饲料为食，可以清除青鱼、草鱼未能充分利用的残饵，防止残饵腐败变质，清新水质。在青鱼主养池塘中，动物性饵料较多，可以适当多放鲤、鲫鱼，而主养草鱼的池塘中，动物性饵料较少，则适当减少鲤、鲫鱼的放养量。

### (四) 鲢鱼、鳙鱼和青鱼、草鱼、鲤鱼、鲫鱼、鳊鱼

青鱼、草鱼、鲤、鲫、鳊主要以贝类、草类和一些底栖动物为食，被称之为"吃食鱼"，它们的粪便和残饵形成了腐屑食物链和牧食链给了鲢鳙很好的饵料基础，因此鲢鳙被称之为"肥水鱼"。养殖"吃食鱼"的池塘套养"肥水鱼"可以防止水质过肥，给"吃食鱼"创造良好的生活环境，在不施肥或少投精饲料的池塘，"肥水鱼"与"吃食鱼"的养殖比例为1：1，而在大量投喂精饲料和施肥的情况下，由于部分肥料和残饵不能被充分利用，沉积到池底，该比例则上升为1：（0.3～0.6）。

## 二、主养鱼类和套养鱼类的确定

主养鱼类是指池塘主要的养殖鱼类，不仅在养殖量上占优势，而且在施肥投饵方面也以主养鱼为主。套养鱼是指与主养鱼栖息在不同水层或者能充分利用主养鱼类剩下的残饵，在养殖地位上处于配角的鱼类，

一般根据以下因素确定主养鱼和套养鱼。

**（一）市场需求**

根据市场价格与销路来确定养殖鱼的种类、养殖规格以及养殖时间。

**（二）池塘条件**

水质清新，可以确定草鱼和鳊鱼为主养鱼类；而水质过肥，面积较大，则确定主养鱼类为鲢鱼、鳙鱼；池塘较深，则可以确定青鱼为主养鱼类。

**（三）肥料及饵料**

若池塘底栖生物如螺、贝类较多，则可以考虑池塘主养青鱼；若草类饵料来源丰富，则可考虑养殖草鱼；若精饲料丰富，运输方便，则可考虑养殖鲤鲫鱼等；若肥料来源方便，且池塘水质较肥，则可以确定鲢、鳙鱼为主养鱼类。

**（四）鱼种来源**

鱼种来源也是必须考虑的因素之一。总之，必须综合考虑与养殖成功相关的各种因素，根据自己的优势来确定主养鱼类和套养鱼类。

## 三、混养模式遵循的原则

尽管各种混养模式都是根据当地的具体情况而形成的，但是均有一些共同点和普遍规律，有些必须遵循的原则：

**（一）充分利用饵料**

为了提高池塘的经济效益，"肥水鱼"和"吃食鱼"之间要有合适的比例。在亩产 500～1000 千克的情况下，"肥水鱼"和"吃食鱼"的比例保持在 40%：60% 为宜。

**（二）保持鲢鳙鱼合理比例**

鲢鳙鱼的净产量不会随"吃食鱼"产量的增加而上升。一般鲢、鳙鱼的亩产为 250～350 千克，鲢鳙鱼的放养比例一般保持（3～5）：1。

**（三）保持上、中底层鱼类合理比例**

一般上层鱼占池塘鱼类中比例的 40%～50%，中层鱼占 30%～35%，底层鱼占 25%～30%。

**（四）老口小规格，仔口大规格**

一般采用"老口小规格，仔口大规格"的放养方式，可减少放养量，发挥鱼种的生产潜力，缩短养殖周期，增加鱼产量。

## （五）增加鲤鲫鳊鱼的放养量

鲤、鲫和鳊鱼的生产潜力大，其净产量的增加，与放养鱼种的尾数密切相关，因此，在出塘规格允许的情况下，可相应增加放样尾数。

## （六）合理增加混养鱼类

同样的放养量，混养种类多（含同种不同规格）比混养种类少的类型，其系统弹性强，缓冲力大，互补作用好，稳产高产的把握性更大。

## （七）确定合理放养密度

放养密度应根据饵料、肥料的供应情况、池塘条件、鱼种条件、水质条件、轮捕轮放情况和日常管理措施而定。

## （八）配备足够大规格鱼种

为使鱼均衡上市，提高社会效益和经济效益，应配备足够数量的大规格鱼种，供年初放养和生长期轮捕轮放用，适当提前轮捕轮放和增加轮捕轮放次数，使池塘的载鱼量保持最佳状态。

## 四、放养密度

一定范围内，只要饵料充足，水质条件好，管理得当，放养密度越大产量就会越高。因此，合理的放养密度是提高池塘产量，充分发挥池塘生产潜力的重要举措。

## （一）饵料是加大密度和提高产量的物质基础

对于养殖池塘来说，在水质条件允许的条件下，一般增加池塘的放养密度，则必然要增加投饵量，来实现池塘养殖增长的效果。

## （二）水质是限制池塘放养密度的主要因素

在一定范围内，养殖池塘的养殖密度越大，产量就越高。超出一定的范围，不仅不会达到增产的效果，反而会产生一些不良效果，我国主养鱼类的适宜溶氧量为 4.0～5.5 毫克/升，如果池塘的溶氧低于 2 毫克/升时，鱼类则会呼吸频率加快，能量消耗增大，生长变缓，因此密度过大则会严重限制鱼类的生长。若遇到天气变化，池塘的溶氧量往往会降低至 1 毫克/升，甚至更低，这时鱼类常出现浮头，严重时会发生泛池死鱼事故。此外，密度增大，伴随着投饵量增加，部分未能被充分利用的饲料和鱼类粪便沉入水体，这些物质大量堆积，大大地增加了池塘的氧债，并且底泥中给许多致病菌提供了温床，容易导致养殖池塘的疾病爆发。因此，限制养殖池塘放养密度提高的因素是水质。

### (三) 合理选择放养密度

合理的放养密度是指在养成商品鱼规格的成鱼或能达到预期规格鱼种的前提下，可以达到最高鱼产量的放养密度。实际操作中应该根据池塘条件、鱼种规格和种类、饵料供应和日常管理措施情况来确定合理的养殖密度。

1. 池塘条件。有良好水源的池塘可以适当地提高放养密度，水深的池塘可以适当增加放养量。

2. 鱼种的规格和种类。混养多种鱼类的池塘，放养密度可以大于单一种类或混养种类较少的池塘，大规格的鱼种应该比小规格的鱼种的放养量低，但是放养的重量应该较大。同种鱼类的不同规格鱼种的放养密度也与上述相似。

3. 饵料与肥料的供应。饵料与肥料供应方便的池塘可以适当扩大放养密度。

4. 日常管理措施。养殖基础配套设施完善的池塘可以增大养殖密度，轮捕轮放次数较多的池塘，密度可以加大。此外，日常管理精细，养殖技术好，养殖经验丰富都可以作为增加增大放养密度的因素。

5. 历年的养殖实践结果。通过对历年养殖鱼类的放养量、产量、出塘实践、出塘规格等技术参数的分析，可以得出合理的放养密度，如鱼类生长快，单位面积产量高，饵料系数低于一般水平，浮头次数少，说明放养密度合理，甚至可以适当地增加放养密度；反之，则要调整放养密度，如成鱼的出塘规格过大，单位面积产量低，总体效益低，表明放养密度过小，须增加放养密度。

## 五、混养模式特点及经济效益

由于池塘条件、饵料来源、市场需求等的差异，以及养殖对象对当地生态环境造成的影响，可以将混养模式概括为以下几种类型：

### (一) 以草鱼为主的混养模式

这种混养类型，一般水质较为清新。以草鱼为主养鱼，套养一定量的鳊鱼，利用鳊鱼和草鱼的粪便肥水，产生大量的腐屑，培养出大量的浮游生物，套养鲢、鳙鱼，防止水质过肥，这种混养类型由于成本低、饲料来源容易，目前已成为各地主要的养殖类型（见表6-1）。

表 6-1　　　以草鱼为主养鱼亩净产 500 千克放养收获模式（上海郊区）

| 鱼类 | 放养 | | | 成活率（%） | 收获 | | |
| --- | --- | --- | --- | --- | --- | --- | --- |
| | 规格（克） | 尾 | 重量（千克） | | 规格（克） | 毛产量（千克） | 净产量（千克） |
| 草鱼 | 500～750 | 65 | 40 | 95 | 2000 以上 | 106 | |
| | 100～150 | 90 | 11　52.5 | 85 | 500～750 | 45　164 | 111.5 |
| | 早繁苗 10 | 150 | 1.5 | 70 | 100～150 | 13 | |
| 团头鲂 | 50～100 | 300 | 22 | 90 | 250 以上 | 68 | |
| | 10～15 | 500 | 6　28 | 70 | 50～100 | 26　94 | 66 |
| 鲢鱼 | 100～150 | 300 | 33 | 95 | 750 以上 | 170 | |
| | 夏花鱼 | 400 | 0.5　33.5 | 80 | 100～150 | 35　205 | 171.5 |
| 鳙鱼 | 100～150 | 100 | 13 | 95 | 1000 以上 | 57 | |
| | 夏花鱼 | 150 | 13 | 80 | 100～150 | 15　72 | 59 |
| 鲫鱼 | 25～50 | 500 | 14 | 95 | 250 以上 | 71 | |
| | 夏花鱼 | 1000 | 1　15 | 60 | 25～50 | 16　87 | 72 |
| 鲤鱼 | 35 | 30 | 1 | 95 | 750 以上 | 21 | 20 |
| 总计 | — | — | 143 | | | 643 | 500 |

　　注：1. 以投草类为主，全年投草 6000 千克，春秋二季施有机肥，并喂精饲料；2. 在 7～10 月轮捕鱼 2～3 次，将达到上市规格的鲢鱼、鳙鱼、草鱼上市；3. 表格数据摘自《鱼类增养殖学》。

　　该套养塘的主要特点：

　　1. 放养大规格鱼种，来源于本塘套养。一般套养鱼种占总产量 15%～20%，本塘鱼种自给率在 80% 以上。

　　2. 主要以草料为主，春秋二季施有机肥，并投喂精饲料。

　　3. 动物性饵料较少，因此鲤鱼放养量低，但是规格应较大，还可以采用"以鲫代鲤"的方式，增加鲫鱼的放养量。

　　**（二）以鲢、鳙鱼为主养鱼的混养模式**

　　鲢、鳙鱼为滤食性鱼类，以鲢、鳙鱼为主养鱼，应特别重视混养食有机腐屑的鱼类（罗非鱼、黄尾鲴等），该混养类型主要施用有机肥料。该养殖模式，养殖周期短，成本低，但是优质鱼的产出比也较低，因此该养殖模式也在逐步增加名优鱼的放养量（见表 6-2）。

表 6-2　　以鲢、鳙为主养鱼亩净产 600 千克放养收获模式（湖南衡阳）

| 鱼类 | 放养 | | | 成活率（%） | 收获（千克） | | |
|---|---|---|---|---|---|---|---|
| | 规格（克） | 尾 | 重量（千克） | | 规格 | 毛产量 | 净产量 |
| 鲢鱼 | 200 | 300 | 60 | 98 | 0.8 | 235 | |
| | 50（5～8月） | 350 | 17 | 77 / 90 | 0.2 | 62 | 297 / 220 |
| 鳙鱼 | 200 | 100 | 20 | 98 | 0.8 | 78 | |
| | 50（5～8月） | 120 | 6 | 26 / 95 | 0.2 | 23 | 101 / 75 |
| 草鱼 | 160 | 50 | 8 | 80 | 1.0 | 40 | 32 |
| 团头鲂 | 60 | 50 | 3 | 90 | 0.35 | 16 | 13 |
| 鲤鱼 | 50 | 30 | 1.5 | 90 | 0.8 | 21.5 | 20 |
| 鲫鱼 | 25 | 200 | 5.0 | 90 | 0.25 | 45 | 40 |
| 银鲴 | 5 | 1000 | 5.0 | 80 | 0.1 | 80 | 75 |
| 罗非鱼 | 10 | 500 | 5.0 | | 0.25 | 130 | 125 |
| 总计 | | | 130.5 | | | 730.5 | 600 |

注：1. 先放养 200 克鲢、鳙鱼种，待生长到上市规格轮捕后，再陆续补放 50 克的鲢、鳙鱼种，一般全年轮捕 6～7 次；2. 表格数据摘自《鱼类增养殖学》。

该养殖塘特点：

1. 大规格鱼种采用成鱼池套养培育。鲢、鳙鱼种从 5 月份开始轮捕后，再补放大规格鱼种，补放量与捕出量大致相当。

2. 池塘主要施用有机肥。

3. 采用混养食有机腐屑的罗非鱼和银鲴解决水质过肥的问题。

4. 该养殖模式还可以采取"鱼、畜、禽、农"相结合，循环利用废物，提高能源利用率，建设生态农庄。

**（三）以青鱼为主养鱼的混养模式**

由于青鱼喜食螺类，因此该混养模式应该主要投喂螺、蚬类，利用青鱼的粪便以及残饵饲养鲫、鲢、鳙、鳊等鱼类。此混养模式，由于天然的螺、蚬类较少，不能满足青鱼的生长需求，因此，目前许多养殖地区也采取青鱼饲料养殖的方法（见表 6-3）。

表 6-3　　　以青鱼为主养鱼亩净产 750 千克放养收获模式（江苏吴县市）

| 鱼类 | 放养 | | | 成活率（%） | 收获（千克） | | |
|---|---|---|---|---|---|---|---|
| | 规格（克） | 尾 | 重量（千克） | | 规格 | 毛产量 | 净产量 |
| 青鱼 | 1000~1500 | 80 | 100 | 98 | 4~5 | 360 | 335.5 |
| | 250~500 | 90 | 35 | 90 | 1~1.5 | 100 | |
| | 25 | 180 | 4.5 | 50 | 0.25~0.5 | 35 | |
| 鲢鱼 | 50~100 | 200 | 15 | 90 | 1 以上 | 200 | 185 |
| 鳙鱼 | 50~100 | 50 | 4 | 90 | 1 以上 | 50 | 46 |
| 鲫鱼 | 50 | 500 | 25 | 90 | 0.25 以上 | 125 | 124 |
| 夏花鱼 | 夏花 | 1000 | 1 | 50 | 0.05 | 25 | |
| 鳊鱼 | 25 | 80 | 2 | 85 | 0.35 以上 | 26 | 24 |
| 草鱼 | 250 | 10 | 2.5 | 90 | 2 | 18 | 15.5 |
| 总计 | | | 189 | | | 939 | 750 |

注：1. 采用"以鲫代鲤"的方法，不实行轮捕轮放，鱼种自给率为 67.7%；2. 表格数据摘自《鱼类增养殖学》。

### （四）以鲤、鲫鱼为主养鱼的混养模式

我国的北方以及贵州地区居民喜欢食用鲤鱼，因此这些地区较多采取以鲤鱼为主养鱼的混养模式（见表 6-4）。由于鲫鱼价格较高，且湖南等地人民相对鲤鱼更喜食鲫鱼，养殖鲫鱼给养殖带来的利润也更可观，因此，许多地区采取"以鲫代鲤"的养殖模式，以鲫鱼为主养鱼。

表 6-4　　　以鲤鱼为主养鱼亩净产 500 千克放养收获模式（辽宁宽甸）

| 鱼类 | 放养 | | | 成活率（%） | 收获（千克） | | |
|---|---|---|---|---|---|---|---|
| | 规格（克） | 尾 | 重量（千克） | | 规格 | 毛产量 | 净产量 |
| 鲤鱼 | 100 | 650 | 65 | 65 | 0.75 | 440 | 375 |
| 鲢鱼 | 40 | 150 | 6 | 96 | 0.7 | 101 | 101.5 |
| | 夏花 | 200 | | 81 | 0.04 | 6.5 | |
| 鳙鱼 | 50 | 30 | 1.5 | 100 | 0.75 以上 | 22.5 | 23.5 |
| | | 50 | | 80 | 0.05 | 2 | |
| 总计 | | | 72.5 | | | 572 | 500 |

注：表格数据摘自《鱼类增养殖学》（王武　主编）

# 第二节　淡水鱼育成技术操作规范

## 一、施肥与投饵

在人工养殖条件下，由于养殖密度较大，为了使鱼得到充足的食物而正常生长，就必须合理施肥并投喂饵料，施肥与投饵是高效渔业的技术关键。

### （一）施肥

施肥的主要目的是为了补充水中的营养盐以及有机物，增加腐屑食物链和牧食链的数量，为滤食性鱼类、杂食性鱼类提供更多饵料。施肥主要有以下两种类型：

1. 施基肥

新挖的池塘或瘦水池塘，池底无淤泥，水中有机物含量较少，水质清瘦，为了改善水质，提高水体生产力，必须向池塘施基肥。基肥一般选择在冬季干塘后施用，使得池塘加注新水后能及时繁育出大量的天然饵料。基肥通常采用有机肥，将肥料施用于池塘的积水区边缘，经过数日曝晒分解矿化后，再翻动肥料，曝晒数日。池塘施基肥的数量视池塘条件、肥料种类而定，一般每亩施用 150 千克。池塘注水后，施基肥主要目的是肥水。肥水池塘和养殖多年的池塘一般不用施基肥。

2. 施追肥

为补充水中营养物质的消耗，使得饵料维持在较高的水平，鱼类生长期间还应当追施肥料。施追肥要掌握均匀、及时、量少多次的原则。在鱼类的主要生长季节，由于大量地投饵，鱼类摄食量大，排泄物多，池水的有机物含量高，因此池水的有机氮肥高，施追肥则应该施用无机磷肥，以保持池水的"肥、活、爽"。

### （二）施肥原则

1. 以有机肥料为主，无机肥料为辅，"抓两头、带中间"的施肥原则

有机肥料除直接作为腐屑链供鱼类摄食外，还能培育大量的浮游生物作为鱼类的饵料。因此，有机肥料是培育优良水质的基础，但是有机肥耗氧量大，也容易坏水质。因此，有机肥料常作为基肥，作为追肥，也只是在水温较低的早春和晚秋应用，这就是所谓的"抓两头"。而在鱼

类生长季节，水中的有效氮较多，而此时水中缺乏有效磷，因此，此时应该追施一定量的无机磷肥作为追肥，以促进浮游植物的繁殖，提高池塘的水体生产力，此所谓"带中间"。

2. 有机肥必须经过发酵腐熟

有机肥腐熟后，不仅能杀灭部分致病菌，有利于卫生和防病外，还能使得大部分有机物发酵分解成中间产物，他们的耗氧以氧债形式存在。施追肥时，只要在晴天中午用全池泼洒的方法施肥，根据有机肥料的中间产物具有爆发性耗氧的特点，就可以充分利用池水上层的超饱和氧气，及时偿还氧债，这样既可以加速有机肥料的氧化分解，还能降低有机物在夜间的耗氧量。

3. 追肥要量少多次，少施勤施

在春秋季节，若采用有机肥作为追肥，应选择晴天，在良好溶氧条件下，采用全池泼洒的方式施用，少施勤施，防止池水耗氧突然增大。

4. 巧施磷肥，以磷促氮

磷肥应先溶于水，待溶解后，在晴天中午全池泼洒，泼洒浓度为鱼特灵（有效磷20％）5毫克/升或过磷酸钙10毫克/升，通常5～9月，每隔半个月施肥一次，泼洒后的当天不能搅动池水，以延长水溶性的磷肥在水中的悬浮时间，降低塘泥对磷肥的吸附作用。通常施磷肥3～5天后，是浮游植物的高峰期，生物量明显增加，应根据水质情况及时加注新水，防止水色过浓。

**（三）投饵**

投喂技术是养殖高产、优质、高效的重要技术措施。

1. 确定投饵量

（1）确定全年的投饵计划和各月分配

为了做到有计划的生产，保证饵料充足，根据鱼类的生长需要，均匀、适量地投喂饵料，必须做好全年的投饵计划以及每个月的投喂计划，具体做法如下：根据养殖的品种和放养规格，确定混养鱼类的净增肉倍数，根据净增肉倍数和饵料系数确定养殖全年的投饵量。如，一口池塘放养鲤鱼1000千克，计划净增肉倍数为8，则全池净产鱼量为1000千克×8＝8000千克，鲤鱼的饵料系数为2，则全年该池的投饵量为8000千克×2＝16000千克。根据养殖当地的水温、季节、鱼类的生长以及饵料供应情况制定各月的饵料百分比，一般认为生长季节要占总投饵量的75％～85％。

（2）每日投饵量的确定

每日投饵量主要根据水温、水色、天气和鱼的吃食情况而定。一般冷水性的鱼类投饵要求的水温较低，温水性的鱼类投饵要求的水温次之，热带鱼类投饵要求的水温最高，一般水温越高，投喂量就越大。池塘水色为油绿色和黄褐色说明池塘水质较好，可正常投饵；若水色过浓转黑，表示水质要变坏，应减少投饵量，及时加注新水。一般天气晴朗，水中溶氧较高，投饵量应大；天气闷热或阴雨，则应该减少投饵量。若发现鱼类很快吃完饵料，应加大投饵量；相反则减少投饵量。

2. 投饵技术

在投饵技术上，遵循"四定"原则：

定质：草类饲料要求鲜嫩、无根、无泥，颗粒饲料要求营养全面，蛋白含量合理，在水中稳定性好，不易散失，不使用腐败变质的饲料。

定量：每天投饵量根据鱼的吃食情况和天气而定，不能忽多忽少，避免鱼时饥时饱，防止鱼类发病。

定时：鱼类在条件反射下摄食，因此，每天的投喂时间要固定，以提高饵料利用率，通常两次投喂则在上午 8 时至 9 时，下午 5 时至 6 时，若 3 次投喂则中午 12 时至 13 时投喂一次。

定位：鱼类对特定的刺激而摄食，每天投喂的地点应该固定，这样有利于鱼类摄食，减少饲料的浪费，而且有利于食场消毒。

此外，必须指出，为了降低生产成本，降低饵料成本，必须保持一年中连续不断投喂足够量的饲料，特别是在鱼类生产季节应坚持每天投喂，保证鱼吃食均匀，对于精饲料和配合饲料为主的池塘，投饵量不易均匀，只有增加投喂次数才能提高饵料的消化率和利用率。

二、水质管理技术

水是鱼类的生活环境，鱼类的生理状况、生长情况都通过水质来反映。池塘水质管理除了合理投饵和施肥外，还应该做到以下几点：

（一）及时加注新水

经常向池塘加注新水是改善池塘水质最重要的途径，加水的主要作用：一是增加池塘水深，增加鱼类活动空间，降低鱼类的应激，有助于促进鱼类生长；二是增加水体透明度，有助于水中浮游植物进行光合作用，提高水体中溶氧，防止鱼类缺氧浮头；三是直接增加水中溶氧。

## （二）防止鱼类浮头和泛池

精养池中，由于投饵和施肥导致水体中的有机物含量较高，因此，耗氧量较大。当池塘水体溶氧降低到一定的程度时，鱼类浮到水面上，将空气和水一起吞入口内的现象即为浮头。鱼类浮头的原因有很多，主要有如下几点：

1. 上下水层温差产生对流，精养池白天上下水层溶氧差距较大，傍晚如遇雷阵雨，或突然变天致使表层水温快速下降，导致上下水层急剧对流，下层水有很多氧债，上升到表层急剧耗氧，引起鱼类缺氧浮头。

2. 由于天气原因，光照条件较差，水中的浮游植物光合作用较低，导致水中溶氧较低。

3. 由于浮游动物大量的繁殖，夜间浮游动物耗氧较高，容易引起鱼类缺氧浮头。

4. 由于精饲料和肥料的大量使用，导致池塘有机物较多，增加了水体的耗氧量，容易引起水中缺氧。

防止鱼类浮头的方法有：

1. 若夏季天气预报傍晚有雷阵雨，则应该晴天中午打开增氧机，将溶氧高的上层水送至下层，将下层搅动至表层，及时偿还氧债。

2. 若发现池塘水质过浓，应及时加注新水，增加水体透明度。

3. 估计池水可能会缺氧，应及时减少投饵量，降低鱼类的新陈代谢；若天气较差，应及时停止投饵。

## （三）合理使用增氧机

增氧机是一种能有效改善水质、防止鱼类浮头，提高鱼增氧力的专用机械。主要分为喷水式、水车式、管叶式、涌喷式、射流式和叶轮式，成鱼养殖池大部分采用叶轮式增氧机。合理地使用增氧机可以充分利用水体，增高水温，预防浮头，解救浮头，防止泛池；可以加速池塘物质循环，稳定水质；可以增加鱼种放养密度和增加投饵施肥量，从而增产；有利于防止鱼病等。

## 三、日常管理技术

水质和饵料存在相互对立、相互依赖、相互转化的关系，两者处在矛盾的统一体中，为了提高鱼产量，必须促进这一对矛盾的相互转化和发展，促进物质循环，促进能量流动，使池塘内的一部分营养物质转化成鱼体蛋白，在日常管理中必须做到水质"肥、活、爽"，投饵"匀、好、足"。

肥：表示池塘水中浮游生物多，有机物和营养盐丰富；

活：表示水色经常变化，水色出现日变化和月变化；

爽：表示池塘水透明度适中（25～40 厘米），水中溶氧条件好；

匀：表示一年中应连续不断地投喂足够数量的饵料，正常情况下，前后两次投饵量变化不大；

好：表示投喂优质的饵料，施用优质肥料；

足：表示施肥和投饵量适当，不使鱼类饥饿或过饱。

生产上，运用看水色、防止浮头、及时加注新水、合理使用增氧机等方法来改善池塘水质，使水质保持"肥、活、爽"，又采用"四看"、"四定"等措施来控制投饵（施肥）的数量和次数，使投饵保持"匀、好、足"，以利于水质稳定，正确地处理水质与投饵（施肥）这对矛盾，实现池塘高产。

池塘管理的基本内容如下：

1. 经常巡视池塘，观察鱼类动态。每天早、中、晚各一次，防止鱼类浮头、泛池，在正常情况下，池塘水面平静，一般不易见到鱼，如发现鱼类活动异常，应查明原因，及时采取措施。巡塘还要观察水色的变化，及时采取措施改善水质。

2. 做好池塘清洁卫生工作，池内残草、污物应随时捞去，清除池边杂草，保持良好的养殖环境，如发现死鱼，及时捞出，并检查死因，死鱼不能乱丢，防止病原扩散。

3. 根据天气、水温、季节、水质、鱼类生长和吃食情况确定投饵、施肥的种类和数量，并及时做好鱼病防治工作。

4. 掌握好池水的注排，保持适当的水位，做好防旱、防涝、防逃工作。

5. 做好全年饲料和肥料需求量的测算和分配工作。

6. 种好池边的青饲料，选择合适的青饲料品种，做好轮种、套种工作，及时播种、施肥，提高青饲料的产量和质量。

7. 合理使用渔业机械，搞好渔机设备的保养和维修，保证用电安全。

8. 做好池塘管理记录和统计分析，每个池塘都设置养殖记录。对池塘养殖鱼类的品种、成鱼的捕捞日期、尾数、规格、重量都有记录；每天的投饵量，施肥的种类及数量以及水质管理和病害防治等情况都应有相应的表格记录，以便统计分析，及时调整养殖措施，并为以后制定生产计划，改进养殖方法打下扎实的基础。

# 第三节　成鱼活鱼运输技术规范

## 一、充氧水运输

充氧水运输是指活鱼运输过程中通过使用充气机、水泵喷淋或直接充入氧气等方法，使敞开或封闭式的运鱼装载容器的水体中增加溶氧量进行活鱼运输。

### （一）运输工具

根据装运方式和鱼的种类、特性、运输季节、距离、数量、运输时间选择适合的运输工具。装载容器常用木箱、塑料箱、帆布桶和薄膜袋等。重复使用的装载容器应能方便清洗和安装，有良好的进排水装置。

长途运输时，应采用专用的活鱼运输车或其他配备有小型发电机、循环水泵、管道、过滤装置、控温系统和充氧装置的运输设备。运输车（船）及装运工具应保持洁净、无污染、无异味，应备有防雨防尘设施。在装运过程中禁止带入有污染或潜在污染的化学物品。

### （二）运输管理

充氧水运输方式分为封闭式充氧运输和敞开式充氧运输两大类型，适用于大、中、小各种规模的活鱼运输，可车运，也可船运。

运输前应制定周密的运输计划，包括起运和到达目的地时间；途中补水、换水、洒水、换袋及补氧等管理措施。

装运容器在装运前应检查容器是否有破损并清洗干净，必要时进行灭菌消毒。装鱼前，装载容器应先加入新水，并将水温调控至与暂养池的温度相同。

运输过程应根据鱼的种类调节适合的水温，大宗淡水鱼水温应控制在 $10\sim12\,℃$。起运前如水温过高，应采用加冰降温或制冷机缓慢降温，降温梯度每小时不应超过 $5\,℃$。

采用敞开式或封闭式充气运输装置装运时，在运输过程中应保持连续充气增氧，使水中的溶氧量达到 8 毫克/升以上。

采用塑料薄膜袋加水充氧封闭式装运时，装鱼前应先检查塑料袋是否漏气，然后注入约 1/3 空间的新鲜水，再放入活鱼，接着充入纯氧，扎紧袋口，放进瓦楞纸箱或泡沫塑料箱中进行运输。一般运输时间应控制在 40 小时以内。

## 二、保湿无水运输

保湿无水运输是指经采用保湿材料盖住鱼体，使鱼体表面保持湿润，温度宜控制在接近鱼类生态体温的环境条件下实行无水保湿运输。主要适用于皮肤可进行辅助呼吸的鲤、鲫鱼等。

### （一）装载容器

应选择干净卫生的容器，如食品周转箱、木箱、蟹苗箱、帆布袋、橡胶袋、PVC 薄膜袋。保湿材料应采用干净卫生、无污染并具有质量轻、吸水、保温性能好的材料，如纯棉质毛巾、吸水纸、木屑、谷壳、海绵等。

### （二）运输管理

装运前宜先将鱼进行缓慢降温至接近生态冰温点的休眠状态，降温梯度每小时不应超过 5 ℃。保湿材料在装运前应预先加湿和冷却至相同的温度。

装箱时先在纸箱里垫上吸湿纸，再在箱底铺上经加湿及冷却的保湿材料，厚度为 1.5～2 厘米，然后铺放一层至三层鱼，上面再铺盖保湿材料。

采用分箱保湿干运时应做好控温保湿和防日晒、风吹、雨淋、堆压的工作。

采用保温车运输，可调控温度至接近鱼的生态冰温点。若无控温设备，温度高时可用冰袋降温。运输时间控制在 10 小时以内较适宜。

## 三、活水舱运输

活水舱运输是指在运输船水线下设置装运鱼的水舱，并在水舱的上、中、下层均匀开有与外界水相通的孔道，在航行时从前方小孔进水，后面出水，使水舱内在保持水质清新与稳定的条件下进行活鱼运输。

### （一）活水舱要求

活鱼运输船应有抗风浪能力，活水舱内水深应保持在 1 米以上，舱内壁应光滑和易于清洗。对于集群性强的品种，可用网箱分隔放置，防止局部的鱼聚集太密而缺氧。

**（二）运输管理**

活水舱运输适用在水质良好的水域环境进行大批量的长途船运。装载前应检查船上各种器具是否正常，检查进出水孔阀门是否能正常开闭，舱内防逃网箱有无破损，活水舱应进行彻底清洗。

装载密度应根据运输水域的水温、运输时间而定，一般不应高于 150 千克/米$^3$。

航行时若遇到污染、混浊等不良水质或船在停泊较长时间无法进新鲜水时，应及时关闭进排水孔道并迅速进行增氧。航行期间应经常检查鱼活动情况，发现异常情况及时进行处理。运输时间控制在 48 小时以内为佳。

## 四、基本要求

1. 在活鱼运输、暂养的流通过程中，严禁使用未经国家和有关部门批准取得生产许可证、批准文号和生产执行标准的任何内服、外用、注射的鱼药和鱼用消毒剂、杀毒剂及鱼用麻醉剂产品。禁止使用《中华人民共和国农业部公告第 193 号》规定的禁用药和对人体具有直接或潜在危害的其他物质。

2. 使用的鱼用药物应以不危害人体健康和不破坏生态环境为基本原则，选用自然降解较快、高效低毒、低残留的鱼药和鱼用消毒剂。

3. 待运活鱼应选择无污染、大小均匀、体质健壮、无病、无伤、活力好的成品鱼，其品质应符合 GB 2733 的要求，药物残留量应符合《中华人民共和国农业部公告第 235 号》的规定要求。

4. 活鱼在装运前应经停喂暂养 1～2 天，可采用网箱、水池或池塘暂养，密度视不同的品种而定，一般为 20～45 千克/米$^3$。暂养过程应注意水温、溶氧、pH 值等水质变化、鱼的体质和暂养密度等情况，并剔除体质较弱和受伤较重的个体。

5. 每批收购、发运的活鱼应由专职质量检验人员进行验收，记录品种、数量、养殖（捕捞）地点、日期、养殖（捕捞）者的姓名，并进行编号和签名。

# 第七章　淡水鱼营养需要与饲料投喂技术规范

营养均衡的鱼用饲料和规范的饲料投喂技术是水产养殖业发展的基础，而要获得鱼类营养均衡的饲料，不仅需要对不同养殖鱼类的食性和营养需求进行研究，还必须对各种饲料原料的特征及营养价值充分了解，才能配制出营养、安全、经济的配合饲料。此外，合理的投喂技术可最大限度地提高投喂饲料的利用率。

## 第一节　淡水鱼主要营养需求

营养需求是指对营养素的需求。营养素是指能被动物消化吸收，为动物的生命活动提供能量，并在动物体内构成体组织、参与生理机能调节的各类营养物质。水产动物需要的营养素主要有蛋白质、脂肪、糖类、维生素和矿物质等 5 类。但不同的养殖种类、不同的摄食食性对各营养素的需求量不同。因此掌握营养素的物化性质，了解养殖对象的类型及食性，确定营养素的需求量，是研制水产动物配合饲料，提高饲料效率，发展水产养殖的必要基础。

### 一、淡水鱼食性

不同种类的鱼，生活习性和摄食器官结构不同，其食性也不一样。池塘淡水鱼类的食性一般可以分为以下几类：

**（一）滤食性鱼类**

主要是鲢、鳙等，其口较大，鳃耙细长密集，便于滤取水中浮游生物。鲢鱼以浮游植物为主，鳙鱼以浮游动物为主。

**（二）草食性鱼类**

主要是草鱼、鳊鱼等，以摄食水草或幼嫩陆草为主。

**（三）肉食性鱼类**

池塘淡水鱼中主要是青鱼为此类型，以无脊椎动物如螺蚬类为食。

**（四）杂食性鱼类**

主要是鲤、鲫鱼等，其食性范围广、杂，既摄食螺蛳、河蚬、摇蚊幼虫等底栖动物和水生昆虫，也摄食水草、丝状藻类、水蚤、腐屑等。

## 二、淡水鱼对主要营养成分的需求

### （一）对蛋白质的需求

蛋白质是决定鱼类生长最关键的营养物质，其需要量必须满足能使动物获得最大生长，即能使体内蛋白质积蓄达最大量时所需的最低蛋白质量。但不同的鱼类种类、年龄、水温以及不同营养价值的蛋白源和养殖方式等，使得对蛋白质的需要量也高低不同，因此确定配合饲料的最适蛋白量对水产动物营养和指导饲料生产极其重要。

确定饲料中蛋白质最适需要量的常用方法有：

1. 蛋白质浓度梯度法，即采用含不同梯度蛋白质的试验饲料来饲养鱼类，测定其增重率、蛋白质效率等指标来确定蛋白质的需要量。

2. 由摄取的氮量计算出蛋白质的最大需要量。

3. 由高营养价值饲料经过一定时期饲养测定鱼体氮的最大增加量来计算蛋白质的最大需要量。

此外，饲料蛋白质最适需要量的确定，还应考虑投喂率、氮积蓄量及蛋白质利用率等问题。池塘几种主要养殖鱼类对蛋白质的需要量见表7-1。

表7-1　　　　池塘几种主要养殖鱼类对蛋白质的需求量

| 鱼　种 | 规　格 | 含量（占干饲料%） |
|---|---|---|
| 青　鱼 | 夏花阶段 | 40 |
| | 鱼种阶段 | 35 |
| | 成鱼阶段 | 30 |
| 草　鱼 | 夏花阶段 | 30 |
| | 鱼种至成鱼 | 22～25 |
| 鲤　鱼 | 鱼苗阶段 | 40～45 |
| | 鱼种阶段 | 35～40 |
| | 成鱼阶段 | 30～35 |

续表

| 鱼　　种 | 规　　格 | 含量（占干饲料%） |
|---|---|---|
| 异育银鲫 | 幼鱼阶段 | 40 |
| | 鱼种阶段 | 32 |
| | 成鱼阶段 | 28 |
| 团头鲂 | 幼鱼阶段 | 25.6～41.4 |
| | 鱼种阶段 | 25 |
| | | 21.1～30.6 |

注：表引自王武《鱼类增养殖学》。

### （二）对氨基酸的需求

氨基酸是组成动物体蛋白的原料，从本质上讲，动物需要的不是蛋白质而是氨基酸，因此，在研制鱼类饲料时，不仅要注意蛋白质的数量，更要注意蛋白质的质量，即是否含有能满足鱼类生长所必需的氨基酸的种类和数量。

必需氨基酸是指在体内不能合成，或合成速度不能满足机体需要，必须从食物中摄取的氨基酸。鱼类已经确定的必需氨基酸有 10 种，分别是亮氨酸、异亮氨酸、赖氨酸、蛋氨酸、苯丙氨酸、苏氨酸、色氨酸、缬氨酸、精氨酸、组氨酸等，而酪氨酸、丙氨酸、甘氨酸、脯氨酸、谷氨酸、丝氨酸、胱氨酸和天门氨酸等 8 种是体内能自行合成的，故称为非必需氨基酸。但在实际饲料生产中，饲料蛋白质中必需氨基酸的含量与鱼类的需要量和比例不同，将其相对不足的某种氨基酸称为限制性氨基酸，其中最容易缺乏的氨基酸称为第一限制性氨基酸。

确定鱼类必需氨基酸的方法有：

1. 用氨基酸混合物替代饲料中的蛋白质来饲养鱼，观察其生长，逐一剔除一种氨基酸若生长受阻，则说明剔除的氨基酸为必需氨基酸，若生长不受影响，则说明剔除的氨基酸为非必需氨基酸。

2. 用投喂氨基酸饲料测定鱼体氮平衡的方法，确定必需氨基酸。

3. 用示踪原子[14]C 的方法来确定必需氨基酸。

池塘常见的几种淡水鱼对各种必需氨基酸的需要量见表 7-2。

表 7 - 2　　　青鱼、草鱼、鲤鱼、鲫鱼、团头鲂对必需氨基酸的需要量

（饲料中氨基酸百分含量）

| 氨基酸 | 青　鱼 | 草　鱼 | 鲤　鱼 | 异育银鲫 | 团头鲂 |
|---|---|---|---|---|---|
| 精氨酸（Arg） | 2.7 | 1.4 | 1.6 | 0.93 | 2.06 |
| 组氨酸（Hig） | 1.0 | 0.5 | 0.8 | 0.47 | 0.61 |
| 异亮氨酸（Ile） | 0.8 | 0.8 | 0.9 | 0.74 | 1.43 |
| 亮氨酸（Leu） | 2.4 | 1.5 | 1.3 | 1.37 | 2.1 |
| 赖氨酸（Lys） | 2.4 | 1.58 | 2.2 | 1.6 | 1.92 |
| 蛋氨酸（Met） | 1.1 | 0.75 | 1.2 | 0.52 | 0.62 |
| 苯丙氨酸（Phe） | 0.8 | 1.58 | 2.5 | 0.75 | 1.35 |
| 苏氨酸（Thr） | 1.3 | 0.8 | 1.5 | 0.79 | 1.19 |
| 色氨酸（Try） | 1.0 | 0.09 | 0.3 | 0.14 | 0.2 |
| 缬氨酸（Val） | 2.1 | 0.98 | 1.4 | 0.81 | 1.51 |

### （三）对脂肪的需求

脂肪是鱼类生长所必需的营养物质之一，当饲料中脂肪含量不足或缺乏时，会导致鱼类代谢紊乱，饲料蛋白质利用率下降，同时还可并发脂溶性维生素和必需脂肪酸缺乏症。但饲料中脂肪含量过高时，又会导致鱼体脂肪沉积过多，鱼体抗病力下降，也不利于饲料的成型加工和贮藏。因此饲料中脂肪含量须适宜。

鱼类对脂肪的需要量受鱼的种类、食性、生长阶段、饲料中糖类和蛋白质含量及环境温度等因素的影响。池塘几种主要养殖鱼类对脂肪的需求量见表 7 - 3。

表 7 - 3　　　　　池塘几种主要养殖鱼类对脂肪的需求量

| 鱼　　　种 | 规　　　格 | 含量（占干饲料%） |
|---|---|---|
| 青　鱼 | 当年鱼种 | 6.5 |
| | 1 冬龄鱼种 | 6 |
| | 成　鱼 | 4.5 |
| 草　鱼 | 100 克 | 8 |
| | | 3.6 |

续表

| 鱼　　种 | 规　　格 | 含量（占干饲料%） |
|---|---|---|
| 鲤　鱼 | 鱼苗鱼种 | 8 |
| | 幼鱼成鱼 | 5 |
| | 亲　鱼 | 5 |
| 异育银鲫 | 2.5～3.6克 | 5.1 |
| 鳊　鱼 | | ＜7.5 |

必需脂肪酸（EFA）是指那些鱼类体内不能合成，必须从饲料中获取的生长所必需的脂肪酸，它是细胞膜、线粒体膜和核膜等生物膜结构脂质的主要成分，在膜的特性中起关键作用；是类二十烷的前体物质，对机体的代谢起重要的调节作用；此外它还参与其他脂类转运磷脂的组成部分，有利于胆固醇的溶解性及其在机体内的运输等生理功能。当必需脂肪酸缺乏时，鱼的生长速度和成活率降低，饲料效率减少，甚至出现鳍条糜烂、贫血、鱼体畸形等症状。淡水鱼类的必需脂肪酸主要有 4 种：亚油酸（18：2n－6）、亚麻酸（18：3n－3）、二十碳五烯酸（20：5n－3，即 EPA）、二十二碳六烯酸（22：6n－3，即 DHA）。

**（四）对糖类的需求**

鱼类对糖类的代谢水平很低，对糖的利用率不高，主要表现为：

1. 鱼体肝脏和其他组织贮存糖原的能力极其有限。

2. 饥饿时，鱼类体内发生糖原异生作用，即由蛋白质、脂类等非糖物质合成生成葡萄糖，来维持体内血糖平衡。

但糖类又是鱼类生长必需的营养物质，若摄入的糖类不足，会使饲料中蛋白质的利用率下降，长期摄入不足还可导致代谢紊乱、鱼体消瘦、生长缓慢等；反之，若长期摄入过量的糖类，多余的糖类会合成脂肪，导致脂肪在肝脏和肠系膜中大量沉积，发生脂肪肝，使鱼体呈现出病态型肥胖。

与蛋白质、脂肪的需求情况相似，不同种类的鱼对糖类的需求量不同。池塘几种主要养殖鱼类对糖类的需求量见表 7－4。

表 7-4　　　　池塘几种主要养殖鱼类对糖类的需求量（％，饲料干重）

| 鱼　类 | 糖 | 纤维素 | 能量（千焦/千克） |
|---|---|---|---|
| 青　鱼 | 25～38.5<br>10.2～36.8 | | 13117～12862 |
| 草　鱼 | 36.5～42.5 | 12 | 12042～12945 |
| 鲤　鱼 | 38.5<br>41.5<br>35～40 | 3.7<br><7.0 | 12749<br>15062～16736<br>14042～16234 |
| 异育银鲫 | 36 | 12.19 | |
| 团头鲂 | 25～30 | 36.5～42.5 | 12238 |

### （五）对维生素的需求

维生素是维持动物机体正常生长、发育和繁殖所必需的微量小分子有机化合物。其主要作用是作为辅酶参与物质代谢和能量代谢的调控，作为生理活性物质直接参与生理活动，作为生物体内的抗氧化剂保护细胞和器官组织的正常结构和生理功能，或作为细胞和组织的结构成分。因其在动物体内不能由其他物质合成或合成量不足以满足营养需要，主要是从食物中获取。维生素种类很多，其化学组成、性质各异（见表 7-5），一般按其溶解性分为脂溶性维生素和水溶性维生素两类。

脂溶性维生素：包括维生素 A（视黄醇、抗干眼因子）、维生素 D（钙化醇、抗佝偻病维生素）、维生素 E（生育酚）、维生素 K（凝血维生素）。

水溶性维生素：包括维生素 $B_1$（硫胺素）、维生素 $B_2$（泛酸、遍多酸）、维生素 $B_5$（烟酰胺又称尼克酰胺、烟酸又称尼克酸、抗癞皮因子）、维生素 $B_6$（吡哆素）、生物素（维生素 H、维生素 $B_7$）、叶酸、维生素 $B_{12}$（氰钴素）和维生素 C（抗坏血酸）等。

表 7-5　　　　　　　各种维生素的主要性质和来源

| 维生素 | 溶解度 | 稳定性质 | | 主要食物来源 |
|---|---|---|---|---|
| | | 稳定性好 | 稳定性差,易破坏 | |
| 维生素 B<br>（硫胺素） | W | 酸性溶液 | 碱性和中性溶液易氧化 | 豆类、麸皮、酵母、瘦肉 |

续表

| 维生素 | 溶解度 | 稳定性质 | | 主要食物来源 |
| --- | --- | --- | --- | --- |
| | | 稳定性好 | 稳定性差,易破坏 | |
| 维生素 B₂（核黄素） | W | 酸性溶液 | 在碱性溶液或可见光中易分解 | 酵母、肝、牛奶、大豆 |
| 维生素 B₃（泛酸） | W | 氧化剂、还原剂、水中加热较稳定 | 在干燥,酸碱性介质中加热 | 酵母、肝、谷类 |
| 维生素 B₅（烟酸、烟酰胺） | W | 对热、光、酸稳定 | | 酵母、豆类、肝脏、瘦肉 |
| 维生素 B₆（吡哆素） | W | 在酸碱性介质中耐高热 | 遇热、光、空气易破坏 | 谷物、豆类、种子外皮 |
| 生物素（维生素 B₇） | W | 不易受酸、碱、光线破坏 | 高温和氧化剂 | 肝、酵母、奶产品 |
| 叶酸 | W | 酸性溶液 | 遇热、光易分解 | 叶粉、酵母、内脏 |
| 维生素 B₁₂ | W | 弱酸溶液 | 遇氧化剂还原剂易破坏 | 鱼粉和内脏 |
| 维生素 C | W | 酸性溶液中加热 | 碱性溶液中加热,腐败等 | 新鲜水果、昆虫 |
| 维生素 A | F | | 易氧化和紫外线破坏 | 鱼油 |
| 维生素 D | F | 酸、碱、氧化剂和加热中均稳定 | | 鱼油、动物肝脏 |
| 维生素 E | F | 抗热、酸 | 碱性溶液易氧化 | 植物油 |
| 维生素 K | F | 耐热 | 碱、光 | 叶粉 |

注：W＝水溶性维生素；F＝脂溶性维生素。据李爱杰，1996；ACDP，1987整理。

如果长期维生素摄入不足或由于其他原因不能满足生理需要，就会导致维生素缺乏症，现将各维生素主要功能和鱼类因维生素摄入不足而引发的缺乏症见表 7-6。

表 7-6 　　　　　　　　各维生素的主要功能及缺乏症

| 维生素 | 主要功能 | 缺乏症 |
|---|---|---|
| 维生素 A | 1. 促进黏多糖合成，维持细胞膜及上皮组织的完整性和通透性；2. 构成视觉细胞内感光物质 | 色素减退，眼球突出，视网膜退化，水肿等 |
| 维生素 D | 促进成骨细胞的形成和钙在骨质中沉积 | 生长下降，体内钙平衡失调等 |
| 维生素 E | 具有抗氧化作用；促进促性腺激素的分泌，具有抗不育作用；调节组织呼吸等 | 生长不良，肌肉营养不良，肾、胰脏退化，脂质氧化，色素减退等 |
| 维生素 K | 参与凝血作用，促进肝脏合成凝血因子 | 凝血时间延长等 |
| 维生素 $B_1$ | 维持体内糖代谢正常 | 生长不良，代谢平衡失调，皮下出血，鳍充血等 |
| 维生素 $B_2$ | 维持皮肤、黏膜和视觉等机能正常 | 厌食，生长发育不良，畏光，眼球晶体异常等 |
| 维生素 $B_3$ | 是体内合成辅酶 A 的原料，参与体内物质代谢过程 | 厌食，生长不良，死亡率高，贫血，鳃畸形等 |
| 维生素 $B_5$ | 是辅酶 I（NAD）和辅酶 II（NADP）的组成成分，参与体内氧化还原反应 | 生长不良，表皮和鳍损伤，贫血等 |
| 维生素 $B_6$ | 构成转氨酶的辅酶，能增加氨基酸的吸收速度，提高氨基酸的消化率 | 神经失调，癫痫性惊厥，肝、肾转氨酶活性下降等 |
| 生物素 | 参与物质代谢过程中的羧化反应，对体内脂肪酸的合成反应起重要作用 | 生长不良，饲料转化率低，脂肪酸合成受影响等 |
| 叶酸 | 又名抗贫血因子，参与氨基酸代谢 | 生长缓慢，影响饲料转化率，贫血等 |

续表

| 维生素 | 主要功能 | 缺乏症 |
|---|---|---|
| 维生素 $B_{12}$ | 是参与氨基酸代谢的另一种辅酶 | 生长不良，红细胞细小等 |
| 维生素 C | 作为还原剂参与体内氧化还原反应及其他代谢反应；能解除重金属毒性；是合成胶原和黏多糖等细胞间质的必需物质；参与肠道对铁的吸收等 | 生长不良，抗氧化力、抗病力下降，贫血，脊柱前凸和侧凸等 |

维生素缺乏的原因，除饲料中含量不足外，在饲料储存、加工、投喂等过程中也会造成维生素的损失和破坏。在实际饲料的维生素添加中，除了考虑加工和储存的因素外，还应考虑鱼类在摄食咀嚼过程中会使一部分水溶性维生素流失，且一些草食性或杂食性鱼类可利用肠道微生物合成某些维生素，因此在添加维生素时应适当提高添加量。但添加过多又会引发维生素（主要是脂溶性维生素）中毒：摄入过量维生素 D 时，会使生长速度下降、嗜眠、鱼体易骨折；摄入过多维生素 E 时，会导致草鱼体脂肪沉积过多，生长速度下降等。池塘几种主要养殖鱼类饲料中维生素含量推荐值见表 7-7。

表 7-7　　　饲料中维生素含量推荐值（毫克/千克饲料）

| 维生素名称 | 青鱼 | 草鱼 | 鲤 | 罗非鱼 | 团头鲂 |
|---|---|---|---|---|---|
| 维生素 $B_1$ | 5 | 20 | 5 | 25 | |
| 维生素 $B_2$ | 10 | 20 | 7~10 | 100 | |
| 维生素 $B_6$ | 20 | 11 | 5~10 | 25 | |
| 烟酸 | 50 | 100 | 29 | 375 | 20 |
| 泛酸钙 | 20 | 50 | 30 | 250 | 50 |
| 肌醇 | | 100 | 440 | 1000 | 100 |
| 维生素 $B_{12}$ | 0.01 | 0.01 | | 0.05 | |
| 维生素 K | 3 | 10 | | 20 | |
| 维生素 E | 10 | 62 | 50~100 | 200 | |

续表

| 维生素名称 | 青鱼 | 草鱼 | 鲤 | 罗非鱼 | 团头鲂 |
|---|---|---|---|---|---|
| 胆　碱 | 500 | 550 | 500～700 | 2500 | 100 |
| 叶　酸 | 1 | 5 | | 7.5 | |
| 维生素 C | 50 | 600 | 50～100 | 500 | 50 |
| 维生素 A（IU） | 5000 | 5500 | 2000 | | |
| 维生素 D（IU） | 1000 | 1000 | 1000 | | |
| 生物素 | | | 0.5～1 | | |

**（六）对矿物质的需求**

矿物质在鱼体内含量一般为 3%～5%，含量在 0.01% 以上者为常量元素，0.01% 以下者为微量元素。鱼体内常量矿物元素主要有 Ca、P、Mg、Na、K、Cl、S 等，微量元素主要有 Fe、Cu、Mn、Zn、Co、I、Se、Ni、Mo、F、Al 等。

1. 常量元素的主要生理功能与缺乏症

（1）钙、磷：钙、磷构成鱼体的骨、齿、鳞；钙在软组织中，参与肌肉收缩、血液凝固、神经传导、某些酶的激活和维持细胞膜的完整性、通透性及调控细胞对营养成分的吸收；磷是三磷酸腺苷、核酸、磷脂、细胞膜和多种辅酶的重要组成成分，与体内能量转化、细胞膜通透性、遗传密码以及生殖和生长有密切关联；磷还作为缓冲液来维持体液和细胞液的正常 PH。

血液中钙含量过低，会使神经组织的应激性提高，导致痉挛和惊厥。磷缺乏时，鱼生长差、骨骼发育异常、头部畸形、脊椎骨弯曲、肋骨矿化异常、胸鳍刺软化、体内脂肪蓄积、水分、灰分含量下降、饲料转化率低等。

（2）镁：镁也是细胞膜的重要构成成分；是磷酸化酶、磷酸转移酶、脱羧酶和酰基转移酶等的辅剂和激活剂；心肌、骨骼肌和神经组织的活动需要镁离子参与。

缺镁时，鱼会出现生长缓慢、肌肉软弱、痉挛惊厥、白内障、骨骼变形、食欲减退、死亡率高等缺乏症。

（3）钾、钠、氯：钾、钠、氯是体内最丰富的电解质，主要分布在体液和软组织中，维持渗透压和酸碱平衡，控制营养物质进入细胞和水代谢等。钾可以维持神经和肌肉的兴奋性，且与碳水化合物的代谢有关；钠离子还参与糖和氨基酸的主动转运，$Na^+$、$K^+$、$Cl^-$ 均参与体内酸、碱平衡的调节并构成胃的酸性和肠内的碱性环境。

当饲料中钾、钠、氯过多超过鱼体的处理能力时，鱼会出现水肿等中毒症状；当严重缺乏时，则会出现生长停滞，蛋白质和能量利用率下降。

2. 微量元素的主要生理功能与缺乏症

(1) 铁：构成血红蛋白，参与氧气运输；是细胞色素氧化酶和黄素蛋白的组成成分，在氧化还原反应中起到传递氢的作用。

缺铁时，会出现血红蛋白减少和红细胞细小性贫血；但铁过量会产生铁中毒，导致生长停滞、厌食、腹泻、死亡率增高。

(2) 铜：可参与铁的吸收及新陈代谢；是细胞色素氧化酶、酪氨酸酶和抗坏血酸氧化酶的成分，具有影响体表色素形成、骨骼发育和生殖系统及神经系统的功能。

一般来说，铜的缺乏症多在特殊试验条件下发生。铜含量过高（773毫克/千克以上）时，生长下降，饲料效率降低。

(3) 锌：体内某些酶的组成成分或激活剂，还是构成胰岛素及维持其功能的必需成分；参与核蛋白的结构及前列腺素的代谢等。

锌的缺乏会引起核酸和蛋白质的代谢紊乱，蛋白质消化率降低，导致生长缓慢，食欲减退，血清中锌和碱性磷酸酶含量下降，骨骼中锌和钙含量下降，皮肤及鳍糜烂，躯体变短，死亡率增高。在鱼孵卵期，缺锌则会降低卵的产量及卵的孵化率等。

(4) 锰：锰是精氨酸酶、丙酮酸脱羧酶、超氧化物歧化酶的组成成分，也是激酶、磷酸转移酶、水解酶和脱羧酶的激活剂，在三羧酸循环中起重要作用。

当锰摄入量不足时，则会引起鱼的生长不良。

(5) 钴：钴除构成维生素 $B_{12}$ 外，还是某些酶的激活剂，添加钴盐可促进鲤鱼生长及血红素的形成。

饲料中缺钴，使鱼肠道内维生素 $B_{12}$ 的合成严重降低，容易发生骨骼异常和短躯症。

(6) 碘：体内的碘一半以上集中在甲状腺内，与酪氨酸结合后转变生成甲状腺素，甲状腺素可加速体内组织和器官的反应，增加基础代谢率，促进鱼体生长发育。

缺碘则会引起甲状腺增生，产生甲状腺肿大。鱼类能从环境中摄取碘，在水中添加少量的碘可防止甲状腺肿病的发生。

（7）硒：动物生命活动所必需的元素，是谷胱甘肽氧化酶的组成成分，能防止细胞线粒体的脂类过氧化，保护细胞膜不受脂类代谢副产物的破坏；是葡萄糖代谢的辅助因子；硒能有助于维生素 E 的吸收和利用，并协同维生素 E 维持细胞的正常功用和细胞膜的完整。

硒缺乏会抑制血浆中的谷胱甘肽过氧化酶的活性，使死亡率增加。硒和维生素 E 同时缺乏会导致肌肉营养不良和退化。

池塘几种主要养殖鱼类各阶段饲料中总磷的含量及淡水鱼类微量元素的需要量，见表 7-8、表 7-9。

表 7-8　　　　　　池塘几种主要养殖鱼类各阶段饲料中总磷的含量

| 鱼类 | 阶段饲料 | 总磷的含量（占饲料中的百分比%） |
|---|---|---|
| 青鱼 | 鱼苗饲料 | ≥1.2 |
| | 鱼种饲料 | ≥1.2 |
| | 成鱼饲料 | ≥1.0 |
| 草鱼 | 鱼苗饲料 | ≥1.0 |
| | 鱼种饲料 | ≥1.0 |
| | 成鱼饲料 | ≥0.9 |
| 鲤鱼 | 鱼苗饲料 | ≥1.4 |
| | 鱼种饲料 | ≥1.2 |
| | 成鱼饲料 | ≥1.1 |
| 鲫鱼 | 鱼苗饲料 | ≥1.2 |
| | 鱼种饲料 | ≥1.1 |
| | 成鱼饲料 | ≥1.0 |
| 团头鲂 | 鱼苗饲料 | ≥0.9 |
| | 鱼种饲料 | ≥0.8 |
| | 成鱼饲料 | ≥0.7 |

表 7 - 9　　　　　　　　　　淡水鱼类微量元素的需要量

| 微量元素名称 | 化合物名称 | 有效含量（%） | 饲料中含量（毫克/千克） |
|---|---|---|---|
| 铜 | $CuSO_4 \cdot 5H_2O$ | 0.250 | 3～9 |
| 铁 | $FeSO_4 \cdot H_2O$ | 0.300 | 150～300 |
| 锰 | $MnSO_4 \cdot H_2O$ | 0.318 | 25～60 |
| 锌 | $ZnSO_4 \cdot H_2O$ | 0.345 | 60～120 |
| 碘 | $Ca(IO_3)_2$ | 0.050 | 0.35～0.85 |
| 硒 | $NaSeO_3$ | 0.010 | 0.1～0.5 |
| 钴 | $CoCl_2 \cdot 6H_2O$ | 0.012 | 0.1～0.17 |

# 第二节　饲料品种选择

不同的养殖鱼类，不同的生长阶段，所需要的配合饲料，从营养成分到饲料形状和规格均有所不同，例如幼鱼阶段，新陈代谢旺盛，生长速度快，对蛋白质需要量高，且消化系统比较简单，肠道内微生物的数量和种类不多，所以须选择易为消化、吸收的饲料原料；再如鱼类对糖的利用能力较低，而肉食性鱼类对糖的利用能力则更低，不同食性的鱼类利用糖和脂肪等能量物质的能力不同，所以在添加能量饲料时应根据具体养殖对象适当添加，否则容易引起营养性脂肪肝。因此根据具体养殖对象科学合理地选择饲料品种，既能满足鱼类各阶段的营养需求，更能有效地提高饲料利用率，节约养殖成本。

## 一、天然饵料与仔幼鱼饲料

大多数鱼类在开食时没有胃液消化功能，也没有咽齿和味蕾，食管在长轴上有简单的弯曲，仅有较短的肠道具有消化功能，肠容物排空时间短，所以此时仔鱼的消化功能极其有限，只能摄食和消化小型的浮游植物和动物。

目前仔幼鱼的天然饵料仍主要以单细胞藻类、浮游动物（轮虫，枝角类：裸腹蚤、蚤状蚤；桡足类：虎斑猛水蚤、纺锤水蚤、长腹剑水蚤）、卤虫和其他无脊椎动物（水生寡毛类：苏氏鳃尾蚓，线虫）等为主。

### （一）单细胞藻类

主要是指小球藻，小球藻中含有丰富的 $\omega_3$ HUFA（主要是 EPA），能为仔幼鱼提供很好的脂肪酸来源，其本身也是浮游动物的饵料，因此在仔鱼活饵料的强化培育时，可以选择高 $\omega_3$ HUFA 含量的藻类进行培育。

### （二）轮虫

自从轮虫能规模培育后，轮虫就因其蛋白质的氨基酸组成平衡使其成为淡水鱼孵出后 1～2 周内最广泛的饵料生物。据研究，鲤鱼对轮虫蛋白质的消化率可达 84%～94%。

### （三）卤虫

卤虫可利用其体内的淀粉和胰蛋白酶来帮助仔幼鱼提高对其的消化率和蛋白质利用率（Watanabe 等，1983）。由于产地不同，卤虫也分为不同品系，根据卤虫不同的脂肪酸组成可大致分为两类：一类是含有较高含量的 $C_{18:3}$，适于淡水鱼仔鱼的生长需要；另一类卤虫富含 EPA 和 DHA，比较适合海水鱼仔鱼的生长。虽然不同品系卤虫对仔鱼的营养价值有所不同，但其氨基酸的营养作用相同，能完全满足不同仔鱼的生长需要。

### （四）其他无脊椎动物

目前有一种蛋白质含量很高的线虫已用来作为仔鱼的主要活饵料，并可大规模培育；此外，水生寡毛类中的苏氏鳃尾蚓也是很好的淡水仔幼鱼生物饵料，广泛用于观赏鱼的饲养。

由于环境受人为因素的影响和破坏，天然生物饵料种类及数量等生物资源正在锐减，而培育这些生物饵料需大规模的设备和人力投入，且还受自然条件的限制，难以保证苗种培育的需要，因此许多水产养殖工作者越来越重视仔幼鱼微粒饲料的研制和开发。

研制微粒饲料应符合以下条件：

1. 原料经超微粉碎后能通过 100 目筛以上。

2. 微粒饲料应高蛋白低糖，脂肪含量在 10%～13%，能充分满足仔幼鱼的营养需要。

3. 微粒饲料投喂后在水中营养素不易溶失。

4. 在仔幼鱼消化道内，饲料中的营养素易被消化吸收。

5. 饲料颗粒大小应与仔幼鱼的口径适应，一般颗粒大小在 10～300 微米范围内。

6. 具有一定的漂浮性。

用于制备微粒饲料的原料有：鱼粉、鸡蛋黄、大豆蛋白、脱脂乳粉、葡萄糖、氨基酸混合物、无机盐混合剂及维生素混合剂等。根据微粒饲料制备方法和性状的不同可分为 3 种类型：即微囊饲料（MED）、微膜饲料（MCD）、微黏饲料（MBD）。

微囊饲料（MED）：是指被膜中营养成分为液状的微粒饲料，粒径为 10～100 微米。

微膜饲料（MCD）：是指被膜中营养成分为细颗粒状，各颗粒间以黏合剂黏合形成的微粒饲料，粒径为 10～100 微米。

微黏饲料（MBD）：是指将各营养成分用鱼可消化的复杂碳水化合物和蛋白质（常用胃蛋白酶处理的蛋白质水解产物）作为黏合剂制成的微颗粒饲料，粒径为 100～300 微米。

## 二、养殖鱼种及成鱼常用商品饲料

目前市场上较为常用的大宗淡水鱼商品饲料大多是由正大、大北农、通威、海大等企业生产的，这些企业饲料研发能力强，产品种类较齐全，归纳如下（见表 7 - 10）。

表 7 - 10　　　　　常用商品饲料

| 生产企业 | 饲料品种 | 形状、粒径（毫米） | 适用阶段 |
|---|---|---|---|
| 正大 | 苗种专用料 | 小破碎料 | 5～300 克/尾 |
|  | 草鱼成鱼料 | 2.0～5.0 | ≥50 克/尾 |
|  | 草、鲫混养料 | 破碎料、2.0～5.0 | ≥50 克/尾 |
|  | 鲫鱼专养料 | 破碎料、4.0 | ≥5 克/尾 |
|  | 鳙鱼专养料 | 粉料 | 全程 |
| 大北农 | 鱼苗开口专用料 | 粉料 | ≤5 克/尾 |
|  | 青鱼配合饲料 | 2.0～4.0 | ≥100 克/尾 |
|  | 鲫鱼专用料 | 破碎料、3.0 | ≥5 克/尾 |
|  | 混养幼鱼期配合料 | 破碎料、2.0 | 5～300 克/尾 |
|  | 混养成鱼期配合料 | 2.0～4.0 | ≥50 克/尾 |
|  | 鳙鱼配合饲料 | 粉料 | 全程 |

续表

| 生产企业 | 饲料品种 | 形状、粒径（毫米） | 适用阶段 |
|---|---|---|---|
| 通威 | 池塘养鱼料（幼鱼） | 粉料 | <50 克/尾 |
| | 池塘养鱼料 | 粉料/破碎料、2.0/2.5/3.0 | ≥50 克/尾 |
| | 鳊鱼配合饲料 | 2.0/2.5/3.0 | ≥50 克/尾 |
| | 花白鲢配合饲料 | 粉料 | ≥50 克/尾 |
| | 鱼用膨化料 | 2.0/3.0/6.0/10.0 | ≥50 克/尾 |
| 海大 | 草鱼苗种料 | 破碎料、2.0 | 5～300 克/尾 |
| | 草鱼成鱼料 | 2.0～4.0 | ≥50 克/尾 |

# 第三节　饲料的投喂技术

在鱼类养殖生产过程中，除了选用优质饲料外，采用科学的投喂技术也是保证鱼类正常生长、降低养殖成本、提高经济效益的必要条件。投喂技术则主要包括投喂量的确定、投喂次数、时间、场所及投喂方法等。而早在我国传统水产养殖中，养殖生产者就根据其养殖实践经验对投喂技术进行了高度的总结，提出了"三看"（即看天气、看水质、看鱼情）、"四定"（即定质、定量、定时、定位）的投喂原则。

## 一、选择合适规格饲料

在养殖过程中，经常存在不同规格的鱼种或成鱼搭配混养的养殖模式，那么在饲料选用和投喂方式上就需要引起重视，选择合适规格的饲料既能提高主养品种的生长速度，又能保证套养品种的产量。选择合适规格的饲料就是要选择颗粒规格和粒径与鱼体的有效摄食口径相适应的饲料。一般来说，饲料颗粒的直径应为鱼体口径大小的 25%，而颗粒的直径、长度比为 1：（2～3），当颗粒的长度是直径的 3 倍时，鱼吃饲料时就比较费力了，而到 4 倍时，颗粒的长度就与鱼的口径相同了，基本无法摄食（见表 7-11）。目前商品饲料的粒径主要分为：破碎料、2.0 毫米、3.0 毫米、4.0 毫米。在水产养殖中通常使用的投喂方式有 3 种：全程投喂硬颗粒料（沉水鱼料）、全程投喂膨化饲料（浮水鱼料）、硬颗粒料与膨化饲料搭配饲喂。以池塘主养鱼与套养鱼混养为例，在饲料选择方面应以主养鱼为主，同时兼顾套养鱼；饲料的粒径应兼顾底层鱼类以及小规格的附养鱼类等，有条件的情况下，可以选择不同粒径的膨化饲料和硬颗粒饲料进行搭配使用。

表 7 - 11　　　　　　部分淡水养殖鱼类的配合饲料与养鱼规格表

| 饲料种类 | | 养鱼规格(厘米) | 饲料颗粒直径(毫米) | 饲料颗粒形状 |
|---|---|---|---|---|
| 青鱼 | 鱼苗培育料 | 2 以下 | 0.05~0.5 | 微粒状 |
| | | 2~3.5 | 0.8~1.2 | 破碎多角形状 |
| 草鱼 | 鱼种培育料 | 4~7.5 | 1.5~2 | 破碎多角形状 |
| | | 8~20 | 2.5~3.5 | 颗粒状 |
| 鲤鱼 | 成鱼养殖料 | — | 3.5~5 | 颗粒状 |
| 团头鲂 | 鱼苗培育料 | 2 以下 | 0.05~0.5 | 微粒状 |
| | 鱼种培育料 | 2~3 | 0.5~1 | 破碎多角形状 |
| | | 3~10 | 1.2~2 | 破碎多角形状 |
| | 成鱼养殖料 | — | 2.5~3.5 | 颗粒状 |

## 二、投喂率

投喂率是指每天投喂饲料量占养殖对象体重的百分数。

$$投喂率\% = \frac{投喂饲料量（克/日）}{总鱼体重（克）} \times 100\%$$

实际投喂量主要根据季节、水色、天气和鱼类的吃食情况而定：

1. 在不同季节，投喂量不同。冬季或早春气温低，鱼类摄食量少，要少投喂，以不使鱼落膘；清明以后，投喂量可逐渐增加，夏季水温升高，鱼类食欲增大，可大量投喂；秋季水温日渐下降，投喂量也应逐渐减少。

2. 视水质情况调整投喂量。水色过淡，可增加投喂量，水质变坏，应减少投喂量，水色为油绿色和酱红色时，可正常投喂。

3. 天气晴朗可多投喂，天气闷热无风或雾天应停止投喂。

4. 具体投喂量应根据鱼的吃食情况适当调整。

几种池塘主要养殖鱼类的总投喂率应控制在 3%~6%。当水温在 15~20 ℃时投喂率为 1%~2%；水温在 20~25 ℃时投喂率为 3%~4%；

水温在 25 ℃以上时，投喂率为 4%～6%。

### 三、投喂次数

投喂次数是指日投喂量确定以后投喂的次数。大宗淡水养殖鱼类多属鲤科鱼类的"无胃鱼"，一次容纳的食物量远不及肉食性有胃鱼。鱼类摄取饲料后直接由食管进入肠道内消化，投喂次数愈多，饲料在肠道内的移动速度愈快。如果移动速度超过了鱼类对肠道内饲料的消化吸收速度，则会导致鱼类对饲料的利用率降低；如果投喂次数过少，则会使鱼类在相当长的时间内缺少饲料的摄入，所需要的营养物质得不到满足，使其生长受阻。因此，对于鲤鱼、鲫鱼、草鱼、团头鲂等无胃鱼，在实际养殖生产中，常采用多次投喂，使其肠道能连续充分地吸收饲料中的营养物质，提高饲料中蛋白质的利用率，加速鱼体蛋白质的合成，促进鱼类生长。在长江流域地区，淡水养殖常采用的饲料投喂次数为：4 月和11 月投喂 2 次/日，5 月和 10 月投喂 3 次/日，6～9 月投喂 4 次/日。

## 第四节　配合饲料的品质规范

鱼用配合饲料的品质规范包括感官指标、物理指标、营养指标和卫生指标等 4 项。

感官指标要求：色泽一致，具有该饲料固有气味，无异味，无发霉、变质、结块现象，无鸟、虫、鼠污染，无杂质，呈颗粒状，表面光滑。

物理指标要求：粉碎粒度 98%通过 40 目（0.425 毫米）筛孔，80%通过 60 目（0.250 毫米）筛孔；混合均匀度（变异系数）要求≤10%；颗粒密度（克/米³）在 1.025～1.035；水稳定性，在水中浸泡 10 分钟不溃散即可；饲料水分≤12%。

营养指标要求：饲料营养指标主要指饲料中的能量、粗蛋白质、必需氨基酸、粗脂肪、粗纤维、钙、磷、粗灰分、砂分等含量。考虑到原料成分的变异性及加工过程中各种因素的影响，饲料质量标准中列出的各项营养指标均为保证值（即最低值或最高值）。

卫生指标要求：鱼用配合饲料的卫生安全指标限量应符合表 7－12规定。

表 7 - 12 鱼用配合饲料的安全指标限量

| 项 目 | 限 量 | 适用范围 |
|---|---|---|
| 铅(以 Pb 计)/(毫克/千克) | ≤5.0 | 各类鱼用配合饲料 |
| 汞(以 Hg 计)/(毫克/千克) | ≤0.5 | 各类鱼用配合饲料 |
| 无机砷(以 As 计)/(毫克/千克) | ≤3 | 各类鱼用配合饲料 |
| 镉(以 Cd 计)/(毫克/千克) | ≤3 | 海水鱼类、虾类配合饲料 |
| | ≤0.5 | 其他鱼用配合饲料 |
| 铬(以 Cr 计)/(毫克/千克) | ≤10 | 各类鱼用配合饲料 |
| 氟(以 F 计)/(毫克/千克) | ≤350 | 各类鱼用配合饲料 |
| 游离棉酚/(毫克/千克) | ≤300 | 温水杂食性鱼类、虾类配合饲料 |
| | ≤150 | 冷水性鱼类、海水鱼类配合饲料 |
| 氰化物/(毫克/千克) | ≤50 | 各类鱼用配合饲料 |
| 多氯联苯/(毫克/千克) | ≤0.3 | 各类鱼用配合饲料 |
| 异硫氰酸酯/(毫克/千克) | ≤500 | 各类鱼用配合饲料 |
| 噁唑烷硫酮/(毫克/千克) | ≤500 | 各类鱼用配合饲料 |
| 油脂酸价(KOH)/(毫克/克) | ≤2 | 鱼用育苗配合饲料 |
| | ≤6 | 鱼用育成配合饲料 |
| | ≤3 | 鳗鲡育成配合饲料 |
| 黄曲霉毒素 $B_1$/(毫克/千克) | ≤0.01 | 各类鱼用配合饲料 |
| 六六六/(毫克/千克) | ≤0.3 | 各类鱼用配合饲料 |
| 滴滴涕/(毫克/千克) | ≤0.2 | 各类鱼用配合饲料 |
| 沙门菌/(cfu/25 克) | 不得检出 | 各类鱼用配合饲料 |
| 霉菌/(cfu/克) | ≤$3 \times 10^4$ | 各类鱼用配合饲料 |

## 一、饲料原料产地要求

饲料原料来源应定点定厂，建立长期合作关系，以保证原料供应和质量的稳定，其产地可以是全国绿色食品原料标准生产基地，或是经中国绿色食品发展中心认定、按照绿色食品生产方式生产、达到绿色食品标准的自建基地。原料生产过程中应使用有机肥、种植绿肥、作物轮作、生物或物理方法等技术培肥土壤，控制病虫草害，保护或提高产品品质。不应使用转基因饲料原料、工业合成油脂或回收油以及制药工业副产品等，原料如经发酵处理，所使用的微生物制剂应符合《饲料添加剂品种目录》中所规定的品种或是农业部公布批准使用的新饲料添加剂品种。

## 二、饲料添加剂使用要求

饲料添加剂是指为了某种特殊需要而添加于饲料中的某种或某些微量物质，其主要作用是：补充配合饲料中营养成分不足，提高饲料利用率，改善饲料口味，提高适口性，促进鱼类正常发育和加速生长，改进产品品质，防治鱼类疾病，改善饲料的加工性能，减少饲料贮藏和加工运输过程中的营养成分损失等。因此，一种配合饲料质量的好坏，不仅取决于主要营养成分的合理搭配，还取决于是否添加了添加剂以及添加剂的质量。

作为添加剂，必须满足以下条件：

1. 长期使用或在使用期间对动物不会产生任何毒害作用和不良影响；

2. 不影响鱼类对饲料的适口性和对饲料的消化吸收；

3. 在饲料和动物体内具有较好的稳定性；

4. 在动物体内的残留量不得超过规定标准，不得影响动物产品的质量和危害人体健康；

5. 选用的化工原料中所含的有毒金属含量不得超过允许的安全限度，其他原料不得发霉变质，不得含有毒物质；

6. 维生素、激素、酶等生物活性不得失效，或超过有效期限；

7. 必需具有确实的作用，产生良好的经济效益和生产效果。

根据添加的目的和作用机理，把饲料添加剂分为两大类，即营养性添加剂和非营养性添加剂。营养性添加剂主要是指氨基酸、维生素、矿物质等三类，饲料中常用的氨基酸添加剂主要是赖氨酸（L-赖氨酸或L-盐酸赖氨酸，饲用L-盐酸赖氨酸的纯度≥98.5%，其中纯赖氨酸含量为78.8%）和蛋氨酸（一类为粉状L-蛋氨酸或DL-蛋氨酸，另一类为DL-蛋氨酸羟基类似物及其钙盐）；维生素多数不稳定，在饲料中添加前需对其进行预处理保护，通过化学稳定或以脂肪、硅酮、明胶等包被来提高其稳定性见表7-13；矿物质作为饲料添加剂，应符合杂质少、生物效价高、物理化学性质稳定、成本低、货源稳定等要求，钙、磷为饲料中添加的主要矿物质元素，其质量标准见表 7-14。

**表 7-13　　维生素添加剂的质量规格要求**

| 种类 | 外观 | 粒度 /(个/g) | 含量 | 容重 /(g/ml) | 水溶性 | 重金属 /(mg/kg) | 砷盐 /(mg/kg) | 水分 /% |
|---|---|---|---|---|---|---|---|---|
| 维生素 A 乙酸酯 | 淡黄到红褐色球状颗粒 | 10万～100万 | 50万 IU/g | 0.6～0.8 | 在温水中弥散 | <50 | <4 | <5.0 |
| 维生素 D$_3$ | 奶油色细粉 | 10万～100万 | 10万～50万 IU/g | 0.4～0.7 | 在温水中弥散 | <50 | <4 | <7.0 |
| 维生素 E 乙酸酯 | 白色或淡黄色细粉或球状颗粒 | 100万 | 50% | 0.4～0.5 | 吸附制剂,不在水中弥散 | <50 | <4 | <7.0 |
| 维生素 K$_3$ (MSB) | 淡黄色粉末 | 100万 | 50% 甲萘醌 | 0.55 | 溶于水 | <20 | <4 | — |
| 维生素 K$_3$ (MSBC) | 白色粉末 | 100万 | 25% 甲萘醌 | 0.65 | 在温水中弥散 | <20 | <4 | — |
| 维生素 K$_3$ (MPB) | 灰色到浅褐色粉末 | 100万 | 22.5% 甲萘醌 | 0.45 | 水溶性差 | <20 | <4 | — |
| 盐酸维生素 B$_1$ | 白色粉末 | 100万 | 98% | 0.35～0.4 | 易溶于水,有亲水性 | <20 | — | <1.0 |
| 硝酸维生素 B$_1$ | 白色粉末 | 100万 | 98% | 0.35～0.4 | 易溶于水,有亲水性 | <20 | — | — |
| 维生素 B$_2$ | 橘黄色到褐色细粉 | 100万 | 96% | 0.2 | 溶于水 | — | — | <1.5 |
| 维生素 B$_6$ | 白色粉末 | 100万 | 98% | 0.6 | 溶于水 | <30 | — | <0.3 |
| 维生素 B$_{12}$ | 浅红色到浅黄色粉末 | 100万 | 0.1%～1% | 因载体不同而异 | 溶于水 | — | — | — |
| 泛酸钙 | 白色到浅黄色粉末 | 100万 | 98% | 0.6 | 易溶于水 | — | — | <20 mg/kg |
| 叶酸 | 黄色到浅黄色粉末 | 100万 | 97% | 0.2 | 水溶性差 | — | — | <8.5 |

续表

| 种类 | 外观 | 粒度/(个/g) | 含量 | 容重/(g/ml) | 水溶性 | 重金属/(mg/kg) | 砷盐/(mg/kg) | 水分/% |
|---|---|---|---|---|---|---|---|---|
| 烟酸 | 白色到浅黄色粉末 | 100万 | 99% | 0.5～0.7 | 水溶性差 | <20 | — | <0.5 |
| 生物素 | 白色到浅褐色粉末 | 100万 | 2% | 因载体不同而异 | 溶于水或在水中弥散 | — | — | — |
| 氯化胆碱（液态制剂） | 无色液体 | — | 70%、75%、78% | 含70%者为1.1 | 易溶于水 | <20 | — | — |
| 氯化胆碱（固态制剂） | 白色到褐色粉末 | 因载体不同而异 | 50% | 因载体不同而异 | 氯化胆碱部分易溶于水 | <20 | — | <30 |
| 维生素C | 无色结晶,白色到淡黄色粉末 | 因粒度不同而异 | 99% | 0.5～0.9 | 溶于水 | — | — | — |

表7-14　　　　　　　　　饲料级磷酸二氢钙、磷酸氢钙质量标准

| 项目 | 磷酸二氢钙 $Ca(H_2PO_4)_2 \cdot H_2O$ (HG/T2861-2006) | 磷酸氢钙 $CaHPO_4$ (HG2636-2000) | 磷酸钙 $Ca_3(PO_4)_2 \cdot H_2O$ | 磷酸二氢钾 $KH_2PO_4$ (HG2860-1997) |
|---|---|---|---|---|
| 钙(Ca)/% | 13.0～16.5 | ≥16.5 | ≥29 | |
| 总磷(P)/% | ≥22.0 | ≥21.0 | 15～18 | 22.3 |
| 钾/% | | | | 28 |
| 水溶性磷(P)/% | ≥20.0 | | | |
| 氟(F)/% | ≤0.18 | ≤0.18 | ≤0.12 | |
| 砷(As)/% | ≤0.003 | ≤0.003 | | 0.001 |
| 重金属(以Pb计)/% | ≤0.003 | | | |
| 铅(Pb)/% | ≤0.003 | ≤0.003 | | |
| pH值(2.4克/升) | ≥3 | | | |
| 水分/% | ≤4.0 | | | 0.5 |
| 细度(通过500微米筛)/% | ≥95.0 | ≥95 | | |

非营养性添加剂根据其使用目的和作用又分为：

1. 保持饲料效价的添加剂，如抗氧化剂、防霉剂等；
2. 促进生长的添加剂，如喹乙醇、三十烷醇等；
3. 促进摄食、消化吸收的添加剂，如诱食剂、酶制剂等；
4. 改善品质的添加剂，如着色剂；保持饲料结构稳定的添加剂，如黏合剂；防止鱼类疾病的药用添加剂，如土霉素、氟哌酸等。

饲料添加剂的品种应是《饲料添加剂品种目录》中所允许的饲料添加剂品种，或是农业部公布批准使用的新饲料添加剂品种，但表 7 - 15 中所列的饲料添加剂品种不准使用。

表 7 - 15　生产绿色渔业产品不应使用的饲料添加剂（N+/T2112 - 2011）

| 种　　类 | 品　　　种 |
| --- | --- |
| 矿物元素及螯合物 | 稀土（铈和镧）壳糖胺螯合盐 |
| 抗氧化剂 | 乙氧基喹啉、二丁基羟基甲苯（BHT）、丁基羟基茴香醚（BHA） |
| 防腐剂 | 苯甲酸、苯甲酸钠 |
| 着色剂 | 各种人工合成的着色剂 |
| 甜味剂和香料 | 各种人工合成的调味剂和香料 |
| 黏结剂 | 羟甲基纤维素钠 |

### 三、饲料原料质量要求

饲料原料的质量直接影响到配合饲料的质量。同一种饲料原料由于来源不同，生长环境、收获方式、加工方法、贮藏条件不同，其营养成分及价值相差很大。因此，制定统一的饲料原料质量评价标准对保证饲料质量的稳定性至关重要。鱼粉、豆粕、菜粕、棉粕、小麦、玉米、动物油脂、植物油脂等几种大宗鱼类饲料原料的质量评价标准见表 7 - 16～23。

表 7 - 16　　　　　　　　鱼粉的评价标准（GB/T19164—2003）

| 项　目 | 指　　标 | | | |
|---|---|---|---|---|
| | 特级品 | 一级品 | 二级品 | 三级品 |
| 粗蛋白/% | ≥65 | ≥60 | ≥55 | ≥50 |
| 粗脂肪/% | ≤11(红鱼粉)<br>≤9(白鱼粉) | ≤12(红鱼粉)<br>≤10(白鱼粉) | ≤13 | ≤14 |
| 水分/% | ≤10 | ≤10 | ≤10 | ≤10 |
| 盐分/% | ≤2 | ≤3 | ≤3 | ≤4 |
| 灰分/% | ≤16(红鱼粉)<br>≤18(白鱼粉) | ≤18(红鱼粉)<br>≤20(白鱼粉) | ≤20 | ≤23 |
| 砂分/% | ≤1.5 | ≤2 | ≤3 | |
| 赖氨酸/% | ≥4.6(红鱼粉)<br>≥3.6(白鱼粉) | ≥4.4(红鱼粉)<br>≥3.4(白鱼粉) | ≥4.2 | ≥3.8 |
| 蛋氨酸/% | ≥1.7(红鱼粉)<br>≥1.5(白鱼粉) | ≥1.5(红鱼粉)<br>≥1.3(白鱼粉) | ≥1.3 | |
| 胃蛋白酶消化率/% | ≥90(红鱼粉)<br>≥88(白鱼粉) | ≥88(红鱼粉)<br>≥86(白鱼粉) | ≥86 | |
| 挥发性盐基氮<br>/(毫克/千克) | ≤110 | ≤130 | ≤150 | |
| 酸价/(毫克/千克) | ≤3 | ≤5 | ≤7 | |
| 组胺/(毫克/千克) | ≤300<br>(红鱼粉) | ≤500<br>(红鱼粉) | ≤1000<br>(红鱼粉) | ≤1500<br>(红鱼粉) |
| 六价铬/(毫克/千克) | ≤8 | | | |
| 杂质 | 无非鱼粉原料的含氮物质(皮革粉、羽毛粉、尿素、血粉、肉骨粉等) | | | |

表 7 - 17　　　　　　　　豆粕的评价标准(GB/T19541—2004)

| 项　目 | 带皮豆粕 | | 去皮豆粕 | |
|---|---|---|---|---|
| | 一级 | 二级 | 一级 | 二级 |
| 水分/% | ≤12.0 | ≤13.0 | ≤12.0 | ≤13.0 |
| 粗蛋白/% | ≥44.0 | ≥42.0 | ≥48.0 | ≥46.0 |

续表

| 项　目 | 带皮豆粕 | | 去皮豆粕 | |
|---|---|---|---|---|
| | 一级 | 二级 | 一级 | 二级 |
| 粗纤维/% | ≤7.0 | | ≤3.5 | ≤4.5 |
| 粗灰分/% | ≤7.0 | | ≤7.0 | |
| 尿素酶活性(以氨态氮计)<br>/[毫克/(分钟·克)] | ≤0.3 | | ≤0.3 | |
| 氢氧化钾蛋白质溶解度/% | ≥70.0 | | ≥70.0 | |

注：粗蛋白质、粗纤维、粗灰分三项指标均以88%或87%干物质为基础计算。

表 7-18　　　　　　　　菜粕的评价标准(GB/T 23736—2009)

| 项目 | 一级 | 二级 | 三级 | 四级 |
|---|---|---|---|---|
| 粗蛋白/% | ≥41.0 | ≥39.0 | ≥37.0 | ≥35.0 |
| 粗纤维/% | ≤10.0 | ≤12.0 | ≤12.0 | ≤14.0 |
| 赖氨酸/% | ≥1.7 | ≥1.7 | ≥1.3 | ≥1.3 |
| 粗灰分/% | ≤8.0 | ≤8.0 | ≤9.0 | ≤9.0 |
| 粗脂肪/% | ≤3.0 | ≤3.0 | ≤3.0 | ≤3.0 |
| 水分/% | ≤12.0 | ≤12.0 | ≤12.0 | ≤12.0 |

注：各项质量指标含量除水分以原样为基础计算外，其他均以88%干物质为计算基础。

表 7-19　　　　　　　　　　棉粕的成分评价

| 项目 | 压榨饼 | | 浸提粕 | |
|---|---|---|---|---|
| | 平均值 | 范围 | 平均值 | 范围 |
| 水分/% | 7.5 | 6.5~10.0 | 9.5 | 9.0~11.5 |
| 粗蛋白质/% | 41.0 | 39.0~43.0 | 41.0 | 39.0~43.0 |
| 粗脂肪/% | 4.0 | 3.5~6.5 | 1.5 | 0.5~2.0 |
| 粗纤维/% | 12.0 | 9.0~13.0 | 13.0 | 11.0~14.0 |
| 粗灰分/% | 6.0 | 5.0~7.5 | 7.0 | 6.0~8.0 |
| 钙/% | 0.20 | 0.15~0.35 | 0.15 | 0.05~0.30 |
| 磷/% | 1.10 | 1.05~1.40 | 1.15 | 1.05~1.40 |
| 游离棉酚/% | 0.03 | 0.01~0.05 | 0.3 | 0.1~0.5 |

表 7 - 20　　　　　　　　小麦的质量标准（GB1351—2008）

| 等级 | 容重 /(克/升) | 不完善粒含量/% | 杂质% | | 水分/% | 色泽、气味 |
| --- | --- | --- | --- | --- | --- | --- |
| | | | 总量 | 其中：矿物质 | | |
| 1 | ≥790 | ≤6.0 | ≤1.0 | ≤0.5 | ≤12.5 | 正常 |
| 2 | ≥770 | | | | | |
| 3 | ≥750 | ≤8.0 | | | | |
| 4 | ≥730 | | | | | |
| 5 | ≥710 | ≤10.0 | | | | |
| 等外 | <710 | —（不要求） | | | | |

表 7 - 21　　　　　　　　玉米的质量标准（GB1353—2009）

| 等级 | 容重 /(克/升) | 不完善粒含量/% | | 杂质含量/% | 水分/% | 色泽、气味 |
| --- | --- | --- | --- | --- | --- | --- |
| | | 总量 | 其中：生霉粒 | | | |
| 1 | ≥720 | ≤4.0 | ≤2.0 | ≤1.0 | ≤14.0 | 正常 |
| 2 | ≥685 | ≤6.0 | | | | |
| 3 | ≥650 | ≤8.0 | | | | |
| 4 | ≥620 | ≤10.0 | | | | |
| 5 | ≥590 | ≤15.0 | | | | |
| 等外 | <590 | — | | | | |

　　注："—"为不要求。"不完善粒"指受到损伤但尚有使用价值的玉米颗粒，包括虫蚀粒、病斑粒、破碎粒、生芽粒、生霉粒和热损伤粒6种。

表 7 - 22　　　　　　　　饲料用动物油脂的质量标准

| 项目 | 猪油 | 鸡油、鸭油 | 鱼油 |
| --- | --- | --- | --- |
| 外观 | 固态：呈白色或淡黄色，稍有光泽，呈膏状；液态：呈微黄色，透明 | 固态：淡黄色，稍有光泽，呈软膏状；液态：呈亮黄色，透明 | 浅黄色或红棕色，透明 |
| 气味 | 具有猪油固有气味，无异味 | 具有鸡油、鸭油固有气味，无异味 | 具有鱼腥味，无异味 |

续表

| 项目 | 猪油 | 鸡油、鸭油 | 鱼油 |
|---|---|---|---|
| 碘价/(克/100 克) | ≥45~70 | | ≥140~160 |
| 皂化值/(毫克/克) | ≥190 | | ≥180 |
| 水分及挥发物/% | ≤1.0 | | ≤1.0 |
| 不溶性杂质/% | ≤1.0 | | ≤1.0 |
| EPA+DHA/% | — | | ≥20.0 |
| 酸价/(毫克 KOH/克) | ≤5 | | ≤5 |
| 过氧化值/(mmol/千克) | ≤5 | | ≤5 |
| 丙二醛值/(毫克/千克) | ≤5 | | — |
| 苯并[a]芘/(微克/千克) | ≤10 | | ≤10 |
| 砷(以 As 计)/(毫克/千克) | ≤7 | | ≤7 |
| 加热减重/% | ≤2 | | ≤2 |
| 矿物油 | 不得检出 | | |

表 7-23                          饲料用植物油脂的质量标准

| 项目 | 大豆油 | 玉米油 | 米糠油 | 棉籽油 | 菜籽油 |
|---|---|---|---|---|---|
| 碘价/(克/100 克) | ≥120~140 | ≥105~135 | ≥90~115 | ≥100~115 | ≥90~130 |
| 皂化值/(毫克/克) | ≥180 | ≥180 | ≥170 | ≥180 | ≥160 |
| 水分及挥发物/% | ≤0.2 | ≤0.2 | ≤0.5 | ≤0.2 | ≤0.2 |
| 不溶性杂质/% | ≤0.2 | ≤0.2 | ≤0.2 | ≤0.2 | ≤0.2 |
| 酸价/(毫克 KOH/克) | ≤5 | ≤10 | ≤15 | ≤5 | ≤6 |
| 过氧化值/(mmol/千克) | ≤8 | ≤6 | ≤6 | ≤6 | ≤6 |
| 游离棉酚/% | 不得检出 | 不得检出 | 不得检出 | ≤0.02 | 不得检出 |
| 溶剂残留量/(毫克/千克) | ≤50 | | | | |
| 黄曲霉毒素 B₁/(微克/千克) | ≤10 | | | | |
| 苯并[a]芘/(微克/千克) | ≤10 | | | | |
| 砷(以 As 计)/(毫克/千克) | ≤7 | | | | |
| 加热减重/% | ≤2 | | | | |
| 矿物油 | 不得检出 | | | | |

(李金龙)

# 第八章　疾病防控的标准化操作技术

随着养殖技术的提升，养殖品种的增多，我国水产养殖规模和养殖密度越来越大，养殖产量也逐步上升，然而水产疾病种类也就随之越来越多，患病机会也越来越大。据估算，我国水产养殖病害种类有 300 多种，损失产量 15%～30%，每年造成的直接经济损失高达 100 亿元以上。例如，20 世纪 90 年代暴发的主要淡水养殖鱼类细菌性败血症，给养殖户造成巨大的经济损失。因此，鱼病的发生和防治已经成为发展渔业生产的限制因素。只有在水产养殖过程中，采取科学的防控技术手段，强壮鱼种体质，畅通池塘能量循环，维持良好水质，才能有效降低患病概率，快速促进我国渔业发展。

## 第一节　养殖水体卫生消毒技术规范

鱼离不开水，水是鱼赖以生存的环境与空间，水的理化指标因子又能直接影响鱼体代谢、生长与繁殖，甚至生命。因此，养鱼先养好水，调节好养殖水环境，提供适当营养需求，才能保证养殖鱼类健康成长。

### 一、常用水体消毒产品

养殖水体进行消毒处理，不但能杀灭大量有害微生物和敌害生物，而且还可以调节养殖水质的理化因子，增加水体营养成分，满足养殖鱼类生长需求。目前水产养殖业中常用于清塘和水体消毒的制剂有以下几种：

#### （一）漂白粉

学名为次氯酸钙，又叫含氯石灰，白色或白色粉末，稳定性差，遇光、热、潮湿易分解失效，主要用于细菌性鱼病的防治，一般全池泼洒的浓度为 1 克/米³，连续用 3 天；清塘消毒常用浓度为 20 克/米³。

注意事项：漂白粉密封、避光、干燥保存；养殖水体 pH 值太高，不宜使用漂白粉；水温高时，宜傍晚使用；漂白粉不宜用金属容器盛放或溶解，待全部溶解后才能全池泼洒，以免鱼类吞食。

### （二）二氯异氰尿酸钠

又名优氯净，白色结晶性粉末，含有效氯 $60\%\sim64\%$，微有氯臭，化学性质稳定，为广谱杀菌药物。全池泼洒浓度为 $0.3$ 克/米$^3$。

### （三）三氯异氰尿酸

又名强氯精，为白色结晶性粉末，含有效氯 $80\%\sim85\%$，化学性质稳定，遇酸或碱分解，是一种极强的氧化剂和氯化剂，水溶液呈酸性，水的碱度越大药效越低，所以施生石灰影响三氯异氰尿酸的药效。该药也不能与含磷药物混合使用。

三氯异氰尿酸是一种高效、广谱、低毒、安全的消毒剂。在水中分解成异氰尿酸和次氯酸，对细菌、病毒、真菌、芽孢有较强的杀灭作用。全池泼洒时浓度为 $0.3\sim0.4$ 克/米$^3$，清塘消毒浓度为 $5\sim10$ 克/米$^3$。

### （四）二氧化氯

二氧化氯是广谱、高效、速效氧化性杀菌消毒剂，易溶于水且不发生水解，作用不受水质酸碱度的影响，具有很强的氧化作用，对病原体细胞壁有较强的吸附和穿透能力，可分解蛋白质中的氨基酸，致使蛋白质功能失效而使病原体死亡，对动物正常细胞基本不影响。

二氧化氯使用时，一般用柠檬酸作为活化剂，二氧化氯与柠檬酸 1:1 分别溶解，混合活化 $5\sim15$ 分钟后立即使用。可增加水体溶解氧，降解水体氨氮、亚硝酸盐氮等有害物质，有效改善水质，无残留，无致癌、致畸、致突变性，是目前水产养殖中较理想的一种消毒剂。池塘消毒时浓度为 $0.5$ 克/米$^3$，疾病防治全池泼洒浓度为 $0.2\sim0.3$ 克/米$^3$，连续使用 $2\sim3$ 天。

注意事项：不宜用金属容器配制或贮存；切勿与酸类有机物、易燃物混放，以防自燃。

### （五）生石灰

主要成分为氧化钙，白色（或灰色、棕白）粉状，有腐蚀性，易吸收空气中的水和二氧化碳，与水生成氢氧化钙，并放出热量而变成粉状熟石灰。生石灰对水体 pH 起到缓冲作用，可以降低水体重金属的毒性，提高水体碱度和硬度，增加水体钙离子浓度，可有效杀灭各类病原体。生石灰主要用于清塘消毒和水体消毒。干法清塘，每亩用 $50\sim75$ 千克，带水消毒，水深 1 米，每亩用量为 $125\sim150$ 千克，用于调节水质消毒，水深1米，每亩用量为30～40千克。

使用生石灰的注意事项：

1. 不宜与氮肥同时施用。在强碱条件下，氮肥易生成氨气，导致氮肥失效和鱼类氨中毒。一般施加氮肥一周后才能使用生石灰。

2. 不宜与磷肥混用。加入生石灰，pH值大于7.5，与主要以 $HPO_4^{2-}$、$H_2PO_4^-$ 形式存在的无机磷反应，生成大量 $Ca_3(PO_4)_2$ 沉淀，使有效磷失效。一般使用生石灰约半个月才能施磷肥。

3. 不宜与漂白粉、强氯精等卤素类药物混用。生石灰为碱性药物，卤素类消毒剂为酸性物质，两者混合用则为酸碱中和，两者药效均减。

4. 不宜与敌百虫混用。碱性条件下，敌百虫生成敌敌畏，毒性增强，其残留期也延长。

5. 不宜与有机络合物混用。钙离子与水溶性有机络合物反应生成不溶性络合物，降低络合物的疗效。

## 二、选择原则与使用方法

选择养殖水体消毒产品种类时，不但要考虑养殖鱼类对该药品是否敏感，而且还要综合考虑养殖水质有关指标，如pH值、水体硬度、氮磷营养指标等情况，合理地选用消毒产品，保证达到消毒效果，而又不影响养殖鱼类。

### （一）养殖鱼类品种

鱼类品种不同，其体质也不尽相同，对药物的敏感程度也不同。一般无鳞鱼类，如黄颡鱼、鲶鱼，对二氯异氰尿酸钠敏感，养殖过程不宜使用；丁鱥、南美白对虾对漂白粉敏感，生产上慎用。同一鱼类不同生长阶段，对药物的敏感性也不相同。鱼苗阶段的草鱼、鲢鱼对漂白粉的敏感性较成鱼大，使用时也须加倍谨慎。

### （二）养殖水质环境

水体pH值大于7.5时，泼洒生石灰能迅速提高水体pH值，极易引起鱼类死亡；pH值太高的水体不宜选用漂白粉，以免失效；刚施用无机氮肥或磷肥的水体，不宜立即施用生石灰；有机物或氨氮含量高时，泼洒漂白粉的浓度需适度提高。

### （三）使用方法

水体消毒产品在养殖中常用的方法有全池泼洒和挂袋（篓）。全池泼洒就是用池塘水将药物充分溶解于容器中，然后均匀泼洒全池，主要是进行养殖水体的消毒，同时对鱼体表、鳃丝上的病原体也有一定的抑制或杀灭作用。挂袋（篓）就是将药物盛放于编织袋或竹篓等容器中（容器须有小细缝或孔，便于药物溢出），悬挂于食场，局部形成一定浓度的消毒区，药物浓度以维持鱼能正常到食场摄食为宜。当鱼自由进出该区域而受到药物的作用，达到杀灭或驱除鱼表和鳃部的病原体的目的，同时对食场也进行消毒处理。此方法适宜于有固定食场，且鱼到食场摄食的水体。

1. 全池泼洒

此法操作简单，容易掌握，并同时对鱼体和水体的病原体起作用，对鱼体安全，生产上使用较多。

操作程序：

（1）根据水体体积和使用浓度，精确地计算并称取药物量。

（2）用养殖水体在塑料桶或木桶中充分溶解药物，不宜使用金属容器，以免药物与金属发生化学反应而改变药性，降低疗效或失效。

（3）选择晴天上午9～10点或下午4～5点用药，避开高温时期，降低药物的挥发。

（4）站在池塘上风处，逐渐向下风处均匀泼洒。如溶解后有药物残留的，如漂白粉，须过滤去除残渣后再泼洒药物。

（5）泼洒药物后，密切关注水体鱼类活动情况，一有异常，立即处理。

全池泼洒进行水体消毒时，不但要考虑到疗效，同时要保证鱼类安全，应注意以下四点：

（1）阴雨天水体溶解氧低，一般不用药物，防止鱼类缺氧死亡，或增氧机增氧1小时后再泼洒。

（2）使用药物消毒水体时，宜先喂食后泼药，以免影响鱼类食欲。

（3）根据养殖鱼类规格、活动情况及天气，慎重使用药物浓度，并密切关注泼洒药物后鱼类活动情况。

（4）鱼类浮头时，禁止泼洒药物。

水体消毒剂尽量避免与其他药物混合使用，不同类消毒剂可以交替更换使用，以起到提高疗效的目的。

2. 挂袋（篓）消毒

操作程序：

（1）挂袋前，养殖鱼类停食1～2天。

（2）挂袋浓度合适，且须保持 2 小时左右。所有挂袋总药量不超过遍洒总药量，一般每个挂袋装 150～200 克药物，以鱼类来食场吃食而药袋药物不完全溶解为最佳。如鱼不来吃食，表明药物浓度大，宜减少药袋，药袋数量根据水深和食场大小来定，一般为 3～6 个。

（3）药袋入水，入水深度因养殖鱼种类不同而不同。草食性鱼类养殖水体宜挂表层水，青鱼养殖水体宜挂在离池底 15～20 厘米处。

注意事项：

（1）挂袋消毒时，开启增氧机。

（2）持续挂袋 3～5 天。

（3）养殖水体注排水时，须提起药袋（篓），下雨、刮大风时不挂袋消毒。

三、调水

水体环境是一个动态平衡的微生物系统，有益菌群与有害菌群共同生存。当水体消毒时，虽然可杀灭或抑制水体和鱼体表病原体，但对水体有益微生物也有一定程度的影响。因此，一般在水体定期泼洒微生物制剂，建立优质微生态环境，维持水体微生态平衡，营造良好水质环境。

微生态制剂又叫微生态调节剂、益生素，含有一定数量的活菌，具有无毒副作用、无污染、无残留和低成本的特点，能有效抑制病原微生物的生长繁殖，增强养殖动物机体免疫力，维持养殖水体生态平衡，净化水质，促进养殖动物健康生长。生产上用来改良水质的微生态制剂一般有枯草芽孢杆菌、光合细菌、硝化细菌等。

枯草芽孢杆菌性状稳定、不易变异、胞外酶系多、降解有机物速度快、对环境适应能力强、产物无毒。施加水体中，能迅速降解水体有机物质，如养殖动物的排泄物、残存饵料、浮游生物的尸体等，为单细胞藻类繁殖生长提供营养盐。同时枯草芽孢杆菌自身迅速繁殖成为优势种群，抑制病原微生物的滋长。枯草芽孢杆菌进入鱼类消化道后，能够分泌多种胞外酶系，帮助消化，促进吸收，提高饲料利润率，促进养殖动物的生长。

光合细菌是一类进行光合作用的原核生物总称，体内具有光合色素，在厌氧、光照条件下以二氧化碳、有机物为碳源，硫化氢和有机物为供氢体，以铵盐、氨基酸为氮源，以太阳光为能源进行光合作用，合成有机物，但不产生氧气。全池泼洒光合细菌，能快速降解水体有机污染物和硫化氢，增加水体溶解氧，增加水体浮游生物量，提供丰富的饵料生物。光合细菌含有丰富的氨基酸，蛋白质含量高达 64％以上，叶酸、B族维生素含量较多，养殖鱼类摄食后，能加速动物生长，提高抗病性能。

硝化细菌是自养性细菌，好气，不需要有机物就能生存及繁衍的自养性细菌。硝化细菌能将亚硝酸盐转化为硝酸盐，净化水体。当水体投饵量多，代谢产物多，养殖动物代谢旺盛，水体亚硝酸氮含量上升时，补充硝化细菌，加速氮循环，净化水质，缓解甚至消除水产养殖动物因亚硝酸盐中毒所产生的症状。

### （一）施加微生态制剂的最佳时间与周期

消毒后的水体，有益微生物的生态功能几乎丧失，如果不快速、有效地增加水体有益微生物种类，建立微生态平衡系统，那么就有可能导致病原体或病毒爆发，鱼病发生。

选用氯制剂消毒水体时，可立即选用氯制剂对其影响小的芽孢杆菌类进行水质调控，每 10 天一次进行全池泼洒；使用其他水体消毒制剂或药物时，一般在 5～7 天后再使用微生态制剂调控水质。养殖水体使用微生态制剂，一般在 5 月中旬至 9 月中旬期间，选择晴天的上午 9～10 时使用，中午 12～13 时增氧 1 小时或加入适量水，促进有益微生物的复活。

使用周期：微生态制剂使用周期一般以连续使用效果佳。连续使用可以保持有益微生物长期优势生长，不断消除水体中氨氮等有害物质，增加水体溶解氧，抑制病原菌的繁殖与生长，减少鱼体死亡概率。

### （二）选择适当微生态制剂

随着养殖密度的增大，水质调控越来越难。因此，在养殖生产上必需定期规范化使用微生态制剂，稳定水体微生态环境，发挥微生态制剂最大功效，达到高产、高效的目的。

首先养殖户要详细了解菌种的性能类型和作用特点，再根据水质环境条件和实际目的，选择合适的微生态制剂来进行水质环境改良。

1. 肥水为目的

清塘消毒加满水后，养殖户投入大量有机肥来增加水体肥力，同时可添加适量微生态制剂，将有机肥大分子物质通过氧化、氨化、光合磷酸化、解磷、固氮等一系列生化反应，转化为藻类易吸收的无机盐，快速地肥水。生产上常选用 EM 菌或枯草芽孢杆菌。

2. 净水为目的

养殖生产过程中，水体残饵越来越多，水质浑浊，氨氮、亚硝酸盐氮含量升高，水质恶化，可定期长期施加微生态制剂来维持良好水质。一般养殖水体残饵、鱼类排泄物多，水体底质环境恶化、藻相不佳，水体氨氮和亚硝酸盐氮含量高，可定期泼洒枯草芽孢杆菌和硝化细菌，快速分解有机物，降低水体氨氮、硝酸盐氮和亚硝酸盐含量，保证良好水质。水质较瘦，可选用光合细菌进行全池泼洒，分解养殖水体残饵、鱼类排泄物等。

### （三）微生态制剂使用的注意事项

1. 微生态制剂禁止与抗生素、消毒杀菌药或有抗菌作用的中草药同时使用，它们使用时须避开施药时间，微生态制剂的使用浓度与方法按照相应产品的说明书进行。

2. 微生态制剂须长期且尽早使用，以促进水体有益微生物形成优势种群，抑制病原体的繁殖与生长，达到预防疾病的目的。

3. 使用微生态制剂应注意菌体浓度和保质期，拆封后尽快使用。

## 第二节　鱼类免疫技术操作规范

鱼类较陆地生物不同，生活于水环境中，患病初期一般较难发现，待症状明显或出现死鱼时，病情就难以控制，而且疾病易传染。故鱼类养殖中，鱼病的预防远重于治疗。目前，我国鱼类疾病预防的主要途径是生态预防、免疫预防和药物预防。但随着水产集约化程度越来越高，鱼类病害越来越多，加之水产养殖者不科学、不规范地使用鱼药，甚至滥用鱼药，或使用违禁鱼药，导致各种致病菌产生不同程度的耐药性，单纯依靠生态和鱼药来防治鱼病显得越来越难，从而凸现出免疫预防的重要性。目前免疫预防是对难以控制并造成巨大经济损失的疾病的主要预防方式。

鱼类虽是低等水生生物，但有较为完全的免疫系统，能产生体液免疫和细胞免疫，为免疫预防提供了物质基础。鱼类免疫接种的目的就是激活鱼体的免疫系统，活化体内淋巴细胞产生免疫作用，诱发免疫应答来抵御病原体的侵袭。目前，我国水产行业中常见的接种方法有浸泡法、注射法、口服法，一般常采用多种接种方式相结合来达到免疫预防疾病的目的。

## 一、浸泡免疫技术

浸泡免疫是指将免疫对象放入含有一定浓度的疫苗溶液中浸泡一定时间，通过鱼体表和鳃组织吸收一定量的疫苗抗原物质，然后扩散到头肾、脾脏、血液等组织中而激发鱼体产生免疫应答，从而提高机体免疫能力。浸泡免疫对免疫鱼体机械损伤少，刺激小，省时、省力，可批量免疫，不过免疫效果不明显。目前通过浸泡方法进行免疫接种的主要疫苗类型包括 DNA 疫苗、亚单位疫苗等，不同疫苗种类浸泡免疫的时间、环境都不尽相同。

### （一）浸泡免疫时间

较适合鱼苗放养阶段使用，鱼苗下塘或转塘时使用。

### （二）鱼种准备

浸泡免疫前，鱼种拉网锻炼一次，接种前宜停食 1 天。鱼种必须健康无病。

### （三）浸泡免疫操作程序

1. 根据疫苗使用浓度，用木桶、防水帆布等大容积容器准确配制疫苗浸泡溶液。

2. 捞取相应重量的鱼种，滤干水分，放入疫苗浸泡溶液中，按规定时间浸泡疫苗。浸泡过程，注意浸泡溶液温度与鱼种养殖水体温度差不宜超过 3 ℃，并可在疫苗溶液中适当充氧。

3. 捞取鱼种放入暂养设施中暂养约半个月，观察免疫过的鱼种是否发病。

4. 将已用过的疫苗溶液加入一定量生石灰或强氯精浸泡 1 小时以上来进行无公害处理，然后可倒掉。

### （四）浸泡注意事项

1. 容器中每次浸泡的鱼种数量不宜太多。

2. 鱼种浸泡时间灵活掌握。根据当时水温、鱼种规格等多方面综合考虑。

3. 浸泡过程中小心谨慎，防止鱼体受伤。

4. 浸泡疫苗溶液须现配现用。

## 二、注射免疫技术

注射免疫是通过肌肉或腹腔注射疫苗于鱼体内来达到诱导免疫应答

的免疫技术。该免疫法疫苗量少，血清抗体增加极显著，免疫效果好，所有类型鱼用疫苗均适用。但由于费时、费力，不适合大批量鱼类，也不适合鱼苗和小鱼，一般只限于亲鱼或名贵鱼类。我国广东，草鱼出血病疫苗采用注射法，日本的虹彩病毒疫苗、链球菌症疫苗和类结疖症疫苗等，也采用注射法接种。

**（一）注射免疫季节**

注射疫苗一般在水温较低的季节，选择阴天或雨后凉爽的天气进行。

**（二）注射免疫器械**

注射器、针头及配制疫苗所需的器皿均用酒精消毒或开水煮沸消毒。注射器针头随鱼体规格不同而有所差异，一般规格10厘米以下的鱼选用4～5号针头，12～17厘米规格鱼用5～6号针头，17厘米以上鱼体用7号针头，为了防止针头伤及鱼体内脏，宜在针头上套一塑料管，控制针头插入鱼体的深度。一般暴露出的针头长度宜稍微长于注射部位肌肉的厚度。

**（三）注射方法**

肌内注射，在背鳍与侧线间，背鳍下方肌肉丰满处，针头向头部方向，与鱼体呈30～40°，用针顺着鳞片向前刺入肌肉1～2厘米，以不刺到脊椎骨为准；胸腔注射，在胸鳍基部内侧无鳞凹陷处，沿头部方向进针，深度一般为1厘米左右，以不伤及内脏为宜；腹腔注射，在鱼体腹鳍内侧基部，沿头部方向入针，与体轴成45°～60°角刺入，深度为1～2厘米，以不伤到鱼体内脏为宜。

**（四）注射免疫鱼种**

被免疫注射鱼要求健康无病，缺氧泛塘水体鱼种、患病水体鱼种或应激反应的鱼种均不宜免疫接种。在注射接种免疫前，保持几乎空腹的状态，并置于囤箱中，密集锻炼2小时，保持微流水。为了便于注射操作，减少鱼体活动能力，对鱼体可行麻醉，待麻醉后逐尾进行注射。常用麻醉药物有间氨基苯甲酸乙酯甲烷磺酸盐（MS-222）、乙醚、普鲁卡因或丁香酚等。

**（五）注射疫苗操作程序**

1. 免疫接种鱼用3‰盐水消毒处理5～10分钟后再注射疫苗。大规格鱼体一般须麻醉处理。

2. 根据疫苗相关规定要求，用灭菌生理盐水稀释合格的疫苗达到规定稀释倍数，现配现用。

3. 注射器吸入疫苗稀释液，戴上针头，排除针管里气泡。注射剂量根据鱼体规格和疫苗种类来确定，一般疫苗说明书上有标明。常见的注射部位有胸鳍基部、背鳍基部和腹鳍基部，以背鳍基部注射为宜。注射时须快、准，避免弄伤鱼体。

4. 注射接种后的鱼体放入无发病养殖水体，麻醉的鱼体暂养网箱中，待复苏后放入养殖水体。

### 三、口服免疫技术

口服免疫就是将免疫疫苗直接添加到饵料中或黏附于饵料表面，随着鱼体摄食饵料而进入鱼体，刺激机体产生免疫应答的一种免疫技术。鱼类口服疫苗后，小分子及可溶性物质渗透进入血液，大分子颗粒则由巨噬细胞吞噬而到达体内循环系统，产生以黏膜免疫反应为主的免疫作用。口服免疫操作简便、劳动强度不大，疫苗用量少，对鱼体无损伤，但由于消化系统的消化酶和肠道黏膜对免疫疫苗有一定的破坏作用，降低了口服免疫的吸收效率，从而影响免疫效果。

#### （一）口服免疫条件

口服免疫技术不受时间和鱼体规格大小限制，但被免疫鱼群必须开口摄食，鱼体健康无病。

#### （二）口服疫苗操作程序

1. 根据养殖水体放养总鱼量和投饵量，估算水体总鱼重。

2. 按照口服疫苗添加比例的规定要求，计算出疫苗每日需投量，一次投喂。

3. 根据疫苗剂型和饲料种类选择合适的添加方式。微囊型疫苗可用5%～10%鱼肝油混合，然后黏附在颗粒饲料的表面进行投喂。如果是粉末状饲料或新鲜肉质饲料，可以直接拌饵投喂；水剂型疫苗可直接拌颗粒饲料，阴干后进行投喂，粉状或新鲜饲料可用5%～10%淀粉糊混合，晾干后再投喂。当天添加当天喂。

4. 投喂鱼群，以2～4小时吃完为宜。投喂疫苗前，可停食1次或减少投喂量，保证鱼群均能摄到食。

5. 连续投喂3天，半个月后重复以上用法1次即可。

为了降低消化系统对疫苗抗原性的影响，提高鱼类口服疫苗的免疫效果，疫苗研究者对口服疫苗进行了多方面的改良。最常见的就是采用包裹抗原的方式来抵御消化道的消化作用，保护抗原的完整性。常用包裹疫苗的材料有海藻酸钠、明胶、淀粉、脂质体等，它们对鱼体无害，在鱼体内可降解，且不影响疫苗的抗原性。

鱼类口服免疫操作简单、方便，对鱼类刺激和损失较少，可大规模免疫接种鱼种，易重复强化免疫，是一种较好的免疫方式。

### 四、影响免疫接种效果的因子

#### （一）被接种鱼类本身的影响

免疫接种的目的就是诱导鱼体产生免疫反应，被接种鱼类必须具备完备的免疫系统。一般刚孵化的鱼苗约半个月后具有细胞免疫机制，1 个月到 1 个半月后完善体液免疫，在此之前不宜进行任何免疫接种。被免疫鱼种体质不同，免疫反应强烈差异大，免疫效果也就不同。

#### （二）生活环境的影响

鱼类生活在水里，为变温动物，生活环境对其免疫效果存在一定程度的影响。首先适宜水温是免疫接种成功与否的关键，不同鱼类对温度的适应特性不同，对疫苗中抗原性物质产生免疫应答的临界温度也就不同。如温水性鱼类对外源性抗原物质产生免疫应答的临界温度为 11 ℃以上，低于临界温度值，免疫接种不产生相应的免疫应答，免疫接种无效。其次，养殖水环境因子的优劣、饲料中营养水平的高低、养殖者管理水平等都可能影响到免疫接种效果。

#### （三）免疫接种方式的影响

不同接种方法所达到鱼体的免疫抗原性物质含量不同，引起鱼体所产生的免疫类型和效果也是不相同的。免疫效果最好的为注射免疫，其次是浸泡免疫和口服免疫。但在现实生产中，由于注射免疫耗时、费力，对鱼体也存在一定程度的机械损失，养殖户往往选择浸泡免疫和口服免疫相结合的免疫方式，对个体大，或经济价值高的鱼类，常采用注射免疫。

## 第三节　鱼药使用规范

鱼药，是指用以预防、控制和治疗水产动物的病、虫、害，或促进养殖品种健康生长与生殖，或增强机体抗病能力以及改善养殖水体的物质，又称水产药。目前我国农业部兽医局对农业部第 627 号通知布告、第 784 号通知布告、第 850 号通知布告、第 894 号通知布告、第 910 号通知布告、2005 年版《中华人民共和国兽药典》、2003 年版和 2006 年版《国度兽药质量尺度》中予以发布的 159 种水产用兽药品种进行了评审，在农业部第 1435 号通知布告、第 1506 号通知布告、第 1759 号通知布告和第 1960 号通知布告及 2010 年版《中华人民共和国兽药典》中予以发布水产用药物共 104 种，并且规定了使用对象。

## 一、鱼药种类

### （一）抗细菌药物

1. 抗生素类：目前，农业部核准在水产养殖业利用的次生代谢产品或其人工衍生物抗生素有硫酸新霉素粉、盐酸多西环素粉、酰胺类的氟苯尼考粉、甲砜霉素粉。

2. 水产养殖用人工合成的抗菌药物有磺胺类和喹诺酮类，磺胺类有复方磺胺二甲嘧啶粉、复方磺胺甲噁唑粉、复方磺胺嘧啶粉、磺胺间甲氧嘧啶钠粉，但鳗鱼饲料添加剂中禁止使用磺胺类药物。喹诺酮类有恩诺沙星粉和盐酸环丙沙星盐酸小檗碱预混剂。

### （二）抗真菌药物

食盐可起到一定的抗真菌作用。

### （三）抗病毒药物

病毒性疾病治疗效果往往不明显，重在预防。水产上常用的药物有吗啉胍、碘伏等，无特效药。

### （四）抗寄生虫药物

1. 重金属类：硫酸铜、硫酸亚铁合剂。

2. 有机磷杀虫剂：敌百虫等。

3. 咪唑类杀虫剂：甲苯达唑、丙硫咪唑等。

4. 虫菊酯杀虫药：如溴氰菊酯等。

### （五）中草药

中草药指为防治水产动物疾病而使用的加工或未经加工的药用植物。常用的有大蒜、五倍子、大黄、黄芩、水辣蓼、菖蒲、苦楝树等。可将中草药煎汁进行全池泼洒水体或粉碎拌入饲料，亦可堆放水体上风处，以防治细菌性和寄生虫等疾病。中草药毒副作用小、安全、环保，为鱼病防治首选药物。

### （六）水体消毒剂

1. 卤素类：聚维酮碘（碘伏）、二氯异氰尿酸钠、三氯乙氰尿酸、溴氯海因、二溴海因、二氧化氯、漂白粉等。

2. 醛类、醇类：甲醛溶液（福尔马林）、戊二醛、乙醇（酒精）等。

3. 碱类：氧化钙（生石灰）、氢氧化铵溶液（氨水）等。

4. 氧化剂：高锰酸钾、双氧水（过氧化氢）等。

5. 表面活性剂：新洁尔灭、季铵盐类等。

**（七）环境改良剂**

1. 微生态制剂：是一类活的微生物制剂，具有改善机体微生态平衡的作用，无致病性，对致病微生物有一定程度的抑制作用。

2. 沸石、膨润土、过氧化钙等。

**（八）生殖及代谢调节、促生长药物**

仅用于水产亲本催产的激素有复方绒促性素 A 型、复方绒促性素 B 型、促黄体素激素 $A_2$、促黄体素激素 $A_3$ 和绒促性素（I）、酶类、维生素、矿物质、微量元素等物质的添加有助于鱼类生长发育。

**（九）疫苗**

疫苗是指一类用微生物及其代谢产品、动物的血液及组织等，通过物理、化学或生物等方法制备的用于防止特定传染性疾病发生和流行的制剂。草鱼出血病活疫苗（GCHV - 892 株），草鱼出血病细胞灭活疫苗，嗜水气单胞菌败血症灭活疫苗和牙鲆溶藻弧菌、鳗弧菌、迟缓爱德华菌病多联抗奇特型抗体疫苗 4 个疫苗产物获得出产核准文号和国度新兽药证书。

## 二、禁用、限用药物名单及水产品鱼药残留限量指标

### （一）水产业禁用药物名单

中华人民共和国农业部公告第 193 号，2002 年 3 月 5 日，农业部颁发了《食品动物禁用的兽药及其他化合物清单》文件，规定 18 类品种的原料药及单方、复方制剂产品于 2002 年 5 月 15 日起一律停止经营和使用，3 类品种的原料药及单方、复方制剂产品不准以抗应激、提高饲料报酬、促进生长为目的在食品动物饲养过程中使用。中华人民共和国农业部公告第 560 号，公布首批《兽药地方标准废止目录》，加强了鱼药标准管理，保证鱼药安全有效、质量可控和动物性食品安全。2015 年 9 月 1 日，中华人民共和国农业部公告第 2292 号，规定自 2015 年 12 月 31 日起，停止经营、使用用于食品动物的洛美沙星、培氟沙星、氧氟沙星、诺氟沙星 4 种原料的各种盐、酸及其各种制剂。根据这些药物的性质及

用途，在水产养殖中禁用的药物名单见表8-1。水产养殖生产者和饲料加工厂商严禁使用禁用药品，违者将予以严厉处罚。

表8-1　　　　　　　　　　　　　禁用鱼药名单

| 序号 | 药物名称 | 危害 |
|---|---|---|
| 1 | 孔雀石绿（碱性绿）Malachite green | 致癌、致畸，使水生生物中毒 |
| 2 | 氯霉素及其盐、酯 Chloramphenicol | 抑制骨髓造血功能、肠道菌群失调、免疫抑制作用、影响其他药物在肝脏的代谢 |
| 3 | 己烯雌酚及其盐、酯（包括琥珀氯霉素）及制剂 Diethylstilbestrol | 激素在鱼体内残留，对吃鱼的人产生严重的危害；大剂量使用肝脏出现损伤；鱼类性周期停止或紊乱 |
| 4 | 甲基睾丸酮及类似雄性激素 Methyl-testosterone | |
| 5 | 硝基呋喃类：<br>呋喃唑酮（痢特灵）Furazolidone<br>呋喃它酮 Furaltadone<br>呋喃妥因（呋喃坦啶）Nitrofurantoin<br>呋喃西林（呋喃新）Furacilinum<br>呋喃那斯（P-7138）Furanace<br>呋喃苯烯酸钠 Nifurstyrenate sodium | 容易引起溶血性贫血、急性肝坏死、眼部损害、多发性神经炎 |
| 6 | 五氯酚钠（PCP-钠）<br>Pentachlorophenol sodium | 造成中枢神经系统、肝、肾等器官的损害，对鱼类等水生动物毒性极大 |
| 7 | 毒杀芬（氯化烯）Camphechlor（ISO） | 毒性高、自然降解慢、残留期长，有生物富集作用，长期使用，通过食物链传递，有致癌性，对人体的功能性器官有损害 |
| 8 | 林丹（丙体六六六）<br>Lindane 或 gamgaxare | |
| 9 | 锥虫胂胺 Tryparsamide | 毒性较强且易在生物体富集 |
| 10 | 酒石酸锑钾<br>Antimonypotassiumtartrate | |
| 11 | 杀虫脒（克死螨）Chlordimeform | 毒性高，其中间代谢产物对人体也有致癌作用 |
| 12 | 双甲脒（二甲苯胺脒）Amitraz | |
| 13 | 呋喃丹（克百威）Carbofuran | 高毒农药，对人畜高毒；对环境生物毒性也很高；且残留期较长 |

续表

| 序号 | 药物名称 | 危害 |
|---|---|---|
| 14 | 各种汞制剂：<br>氯化亚汞（甘汞）Calomel<br>硝酸亚汞 Mercurous nitrate<br>醋酸汞（乙酸汞）Mercuric acetate | 汞制剂易富集，容易出现肝肿大充血、消化道炎症，出现神经症状 |
| 15 | 洛美沙星、培氟沙星、氧氟沙星、诺氟沙星 | 对养殖业、人体健康造成危害或者存在潜在风险 |

### （二）水产业限用药物名单

表 8-2 中药物虽未列入农业部第 193 号公告和 560 号公告，但属于《无公害食品鱼用药物使用准则》禁用范围，无公害水产养殖单位也应当遵守。

**表 8-2　　　　　　　无公害食品养殖过程中禁用药物名单**

| 序号 | 药物名称 | 英文名 | 别　名 |
|---|---|---|---|
| 1 | 喹乙醇 | Olaquindox | 喹酰胺醇 |
| 2 | 环丙沙星 | Ciprofloxacin | 环丙氟哌酸 |
| 3 | 红霉素 | Erythromycin | |
| 4 | 阿伏霉素 | Avoparcin | 阿伏帕星 |
| 5 | 泰乐菌素 | Tylosin | |
| 6 | 杆菌肽锌 | Zinc bacitracin premin | 枯草菌肽 |
| 7 | 速达肥 | Fenbendazole | 苯硫哒唑 |
| 8 | 磺胺噻唑 | Sulfathiazolum ST | 消治龙 |
| 9 | 磺胺脒 | Sulfaguanidine | 磺胺胍 |
| 10 | 地虫硫磷 | Fonofos | 大风雷 |
| 11 | 六六六 | BHC（HCH）或 Benzem | |
| 12 | 滴滴涕 | DDT | |
| 13 | 氟氯氰菊酯 | Cyfluthrin | 百树得 |
| 14 | 氟氰戊菊酯 | Flucythrinate | 保好江乌 |

### （三）鱼药残留

鱼药残留是指在水产品的任何食用部分中鱼药的原型化合物或（和）其代谢产物，并包括与药物本体有关的杂质残留，是水产品的污染源之一，是水产品质量安全的一大隐患。

为了保证水产品质量安全，我国制定了 NY 5070 无公害食品水产品中鱼药残留限量标准，限制了水产品有关鱼药残留量，确定了最高残留量，加强了对水产品质量的监管。

最高残留限量（Maximum Residue Limit，MRL），指允许存在于水产品表面或内部（主要指肉与皮和性腺）该药（或标志残留物）的最高含量浓度（以鲜重计，表示为：微克/千克或毫克/千克）。

表 8-3　　　　　　　　　无公害水产品中鱼药残留限量

| 药物类别 | | 药物名称 | | 指标（MRL） |
|---|---|---|---|---|
| | | 中文 | 英文 | （微克/千克） |
| 抗生素 | 四环素类 | 金霉素 | Chlortetracycline | 100 |
| | | 土霉素 | Oxytetracycline | 100 |
| | | 四环素 | Tetracycline | 100 |
| | 氯霉素类 | 氯霉素 | Chloramphenicol | 不得检出 |
| 磺胺类及增效剂 | | 磺胺嘧啶 | Sulfadiazine | 100<br>（以总计量） |
| | | 磺胺甲基嘧啶 | Sulfaderazine | |
| | | 磺胺二甲基嘧啶 | Sulfadididine | |
| | | 磺胺甲噁唑 | Sulfadethoxazole | |
| | | 甲氧苄啶 | Trimethoprim | 50 |
| 喹诺酮类 | | 噁喹酸 | Oxilinic acid | 300 |
| 硝基呋喃类 | | 呋喃唑酮 | Furazolindone | 不得检出 |
| 其他 | | 己烯雌酚 | Diethylstilbestrol | 不得检出 |
| | | 喹乙醇 | Olaquindox | 不得检出 |

一些鱼药在使用时，不但在养殖水体中有残留，而且在水产品中也会有一定量的残留，对周围环境和人们的生活带来一定的危害。一般情况下，鱼药残留量不大，吃食后不会立即出现中毒现象，只有长期摄入

这种水产品，药物在体内蓄积到一定浓度量后才对人体产生毒性作用。食用鱼药残留超限量的水产品对人类的危害主要有以下几个方面：

1. 毒副性作用。如磺胺类可引起肾脏损害，氯霉素可以引起再生障碍性贫血，导致白血病。

2. 产生过敏反应和变态反应，严重者可引起休克，短时期内出现血压降低、皮疹、喉头水肿、呼吸困难等严重症状。如青霉素、四环素、磺胺类及某些氨基糖苷类抗生素等。

3. 导致耐药菌株的产生。吃食鱼药残留的水产品，诱导人体内某些耐药性菌株的产生，从而给感染性疾病的治疗带来一定的困难。同时，水产品内耐药性的微生物通过食品移生到人体，而对人体健康产生一定的危害性。

4. 导致菌群失调。食用鱼药残留水产品，紊乱人体肠道内各种菌群的平衡，导致菌群平衡失调，人体出现腹泻或维生素缺乏等症状。

5. 产生致畸、致癌、致突变作用。鱼药残留量可在体内累积，达到一定量时，便会对人体产生毒性作用。如孔雀石绿、双甲脒等。

6. 激素现象。人们食用含有激素物质的水产品，可造成人类生理功能紊乱。造成小孩出现早熟，或成熟女性出现男性化，或成熟男性出现女性化的现象。

## 三、科学、合理地选择鱼药

水产工作者必须严格执行国家法律法规，严格按照 NY5070《无公害食品　水产品中鱼药残留量》和 NY5071《无公害食品　鱼用药物使用准则》标准要求，遵循"安全、有效、均一、稳定、方便、经济"的原则来进行科学、合理地选择鱼药种类。

### （一）正确诊断，对症选药

诊断准确是治疗有效的基本前提，只有做到诊断正确，选药科学，用药合理，才能获得较好疗效。如果诊断错误，导致疾病发展与蔓延，还有可能对环境和养殖动物造成有机物污染，加速死亡，经济损失加剧。水产技术人员首先进行病原菌的分离与纯化培育，然后进行药物敏感性测定，选择敏感鱼药进行针对治疗。

### （二）严禁选用禁用药品

确诊后，选择有生产许可证、批准文号和生产执行标准的正规鱼药，严格按照药品使用说明书使用。严禁使用高毒、高残留鱼药，禁止使用致癌、致畸、致突变作用的鱼药，严禁使用无生产许可证、无批准文号、无产品质量执行标准的鱼药，严禁使用对水域环境有严重破坏而又难以修复的鱼药，严禁直接向养殖水域泼洒抗生素，严禁使用国家禁止的所有药物或原材料。

**（三）鱼药的疗效**

正确诊断鱼类所患疾病种类后，选择鱼药时，应该尽可能地选用高效、速效和长效药物，以在短时间内尽快地控制疾病的发展与蔓延，恢复水产动物的健康，降低死亡率，减少经济上的损失。同一水体不宜长期或连续多次地使用同一药物，以免导致病原体的耐药性逐步增强，抑制或杀灭病原体的药效越来越差。

**（四）鱼药的安全性**

俗话讲：凡药都有三分毒。因此在进行药物选择时，须考虑鱼药的安全性，也就是说既要看到它对疾病的疗效，又要看到它对鱼类的毒副作用，对水体及四周环境引起的不良作用以及对人类潜在的危险性。疗效好，毒副作用大，或在其体内富集，导致产品质量下降，对人体健康造成伤害，抑或不可避免地给水体带来有机物污染，改变生态环境，此类药物应慎选。

**（五）药物使用的方便性**

水产技术人员在进行药物选择时，根据鱼类疾病发展阶段，选择方便操作，疗效好的鱼药，同时也要考虑到方便购买。在养殖生产中，极少数情况下使用注射法和涂擦法，一般都采用拌饵投喂或全池泼洒水体等方法。

**（六）药物的廉价性**

选择鱼药时，在保证疗效和安全的情况下，尽可能地选择廉价、易得的药物，从而可以降低生产养殖成本。

**四、规范地使用鱼药**

鱼药的使用必须规范化，应在专业技术人员的指导下进行，以杜绝随意使用鱼药或滥用、误用药物的事情发生，以免影响药物疗效，造成更大的经济损失或严重的后果。同时也是防止水产品药物残留超标，提高水产品质量的主要措施。

**（一）准确计算鱼药用量**

用药量少，达不到防治目的，用药量大，可引起鱼类中毒死亡。因此，鱼药使用时，务必准确计算水体体积或估算水体鱼类总体重，称取鱼药量，并在药物使用之前，进行预备试验，以便调整用药剂量和安全使用浓度，保证安全有效地发挥药物作用。

### （二）选择合适的给药方法

给药方法合适，能有效地控制疾病发展与蔓延，疗效明显。因此，在生产过程中，根据鱼种类、摄食、活动及体重大小、养殖环境、药物理化特性、病原体生物学特性等多个因素综合考虑，选择合适的给药方法，避免或减少药物对鱼体和环境的有害影响，保证药物药效的充分发挥。目前生产上常用的给药方法有药浴法、口服和注射等，每种方法各有优缺点。

#### 1. 药浴法

药浴就是将鱼体放入含有一定药物浓度的水溶液中，药物直接作用病原体，杀灭和驱除体表和鳃部的病原体，达到治病的目的。根据药浴时间的长短，分为短时间药浴法（浸洗法、挂袋法）和长时间药浴法（全池泼洒法）。

浸洗法：用较高的药物浓度进行短时间的药浴。常于鱼种转池或运输前后使用。

挂袋法：在食场周围悬挂装有药物的容器（篓），形成一定浓度的药物区域，当鱼自由进出该区域而受到药物的作用，达到杀灭或驱除鱼表和鳃部的病原体的目的。此方法适宜于有固定食场，且鱼到食场摄食的水体，用于疾病预防，或发病初期的治疗。药物使用浓度以维持鱼能正常到食场摄食为宜。

全池泼洒：根据水体体积和使用浓度，精确地计算并称取药物的剂量，用水溶解后稀释，进行全池均匀地泼洒。此法操作简单，容易掌握，并同时对鱼体和水体的病原体起作用，对鱼体又安全，生产上使用较多。

#### 2. 口服法

口服法，又叫内服法，是针对防治内脏器官疾病的给药方式。将药物混入饲料内经口投喂，或单独投喂药物的方法。

根据鱼药使用说明中规定对各种疾病防治用药量和鱼体总重量，计算实际用药量。实际投药量＝投药标准量×鱼体总重量。一般根据放养时的尾数和总体重，鱼体随机抽查平均体重，投饲量以及死鱼数量，推算鱼体总重量。

3. 注射法

注射法就是通过人工注射药物于鱼体肌肉、胸腔或腹腔中。生产上一般用于注射疫苗和激素，有时为了提高疗效，在疾病防治过程中也会采用注射法。此方法只适用于名贵鱼类和亲鱼。免疫接种时，鱼种数量大和鱼体小的情况下，一般也不用注射法。

给药方法的选择还受到药物理化特性的影响，水不溶的药物可作内服而不宜药浴，水溶性好的药物宜药浴或口服。患病鱼体质不同给药方法也不同。当患病鱼体离群独游，摄食能力差或不摄食，口服药物不能达到治疗的目的，有时反而还易导致病原体耐药性的产生。鱼类患病的病原体和患病部位不同，给药方法也不同。对于病毒性疾病和消化道等内脏器官患病时，以口服法为宜；患病部位为体表和（或）鳃时，以药浴法为好。目前也采用内病外治，外病内治，抑或内外兼治的给药方法来进行疾病防治。

**（三）严格遵守休药期**

休药期是指最后停止给药日至水产品作为食品上市出售的这段时间。休药期间，鱼药在动物体内吸收、分布、转化，最后消除，防止了因药物残留量超标而给人们身体健康带来的危害。对于食用水产品，必须按照 NY5071《无公害食品　鱼用药物使用准则》，强制执行休药期制度，产品质量必须符合 NY5070《无公害食品　水产品中鱼药残留限量标准》和 GB/T18406.4《农产品安全质量　　无公害水产品安全要求》，才可上市。

**（四）常见用药配伍禁忌**

各种药物单独使用可起到各自的药理效应，当两种或两种以上药物同时使用和在短时间内相继使用时，可能会出现药效加强或减弱，也可能会出现减轻或增加药物毒副作用的现象。因此，施药者必须详细了解药物特性，正确掌握鱼药药理，并在水产技术人员的正确指导下进行，避免药物的配伍禁忌。

1. 避免药理性禁忌，即两种药物使用时疗效下降，毒性增强。例如敌百虫与生石灰等碱性药物混用，生成毒性强的敌敌畏，对鱼虾产生毒害。

2. 避免理化性禁忌，酸碱药物不宜同时使用。例如四环素族（盐酸盐）与青霉素钠（钾）同用，生成青霉素酸，降低药效。

3. 生产上常见的配伍禁忌

（1）生石灰不能与漂白粉、重金属盐类、有机化合物等混用。

（2）漂白粉不能与福尔马林、生石灰等混用。

（3）高锰酸钾不能与氨及其制剂等混用。

（4）青霉素不能与酸性和碱性药液混合，土霉素不宜与中性及碱性溶液混合，易失效。

（5）磺胺类药物不宜与维生素 $B_{12}$、弱酸性盐、核黄素、生物碱溶体、氯化钙、氯化铵等物质混用。

（6）维生素 C 不宜与重金属盐、氧化剂、碳酸氢钠等物质混合使用，易失效。

### （五）用药时间

避免暴雨天气、闷热天气、低气压天气等不良天气用药，选择晴天施药，并根据水质肥瘦、水温、养殖季节、鱼类种类与规格等调整施药浓度。水温低、水质瘦，使用剂量低。早春时期，水温低、水质瘦、藻类不丰富，鱼类体质差，对药物耐受力也较差，宜选用刺激性小、安全浓度大的药物。杀虫药全池泼洒时，还应注意当天下午或第 2 天不能有低气压天气，否则容易引起水体溶氧不足而产生药害事故。

### （六）用药顺序

按照"先改水、再杀虫、后杀菌、然后口服、最后调水"的联合用药的顺序来防治疾病，达到安全、合理、有效地用药的目的。

"先改水"：当水质不良，或药效不佳时，可先改善水质或消除水体药物残毒，缓解鱼类应激反应，再进行杀虫杀菌处理。

"再杀虫"：当水体鱼类确诊感染大量寄生虫时，可根据不同寄生虫种类选择适宜杀虫药物进行防治。

"后杀菌"：当鱼类被确诊患有病毒性、或细菌、或真菌性疾病时，在使用完杀虫药后 1～2 天内，可选用合适的杀菌药物进行杀菌，如二氧化氯等。

"然后口服"：当发现鱼类体内有致病病原体时，如肠炎，或鱼体须进行内外兼治时，可以适当拌饵投喂一些药物来进行疾病防治。

"最后调水"：当全池泼洒，抑或拌饵投喂药物后，鱼体病情稳定后，可通过化学类、微生态水质改良制剂或肥料来进行水质调节，保持水体的"肥、活、嫩、爽"的良好生态环境。

### （七）鱼药使用记录

为规范水产养殖的用药行为，养殖场或养殖户必须按照国家规定，严格执行鱼药使用记录登记规定，填写好《水产养殖用药记录》，保证鱼药安全使用。中华人民共和国农业部第 31 号令《水产养殖质量安全管理规定》的第四章"水产饲料和水产养殖用药"第十八条规定水产养殖单位和个人应当填写《水产养殖用药记录》,记载病害发生情况、主要症状、用药名称、时间、用量等内容。《水产养殖用药记录》应当保存至该批水产品全部销售后 2 年以上。

## 第四节　鱼类常见疾病种类

根据疾病的致病因子不同,可分为由生物引起疾病的生物病原和非生物致病因子引起疾病的非生物病原两大类,在疾病的发生中起着主要的作用,它决定疾病的发生和基本特征。在生物病原引起疾病的种类主要可分为病毒性疾病、细菌性疾病和寄生虫性疾病。

### 一、病毒性疾病

病毒没有完整的细胞结构,较细菌小,必须在一定的活细胞中才能生长繁殖。当病毒进入机体后,首先吸附在细胞表面,然后通过酶的作用或细胞的吞噬作用进入细胞内进行生长繁殖。大多数病毒对抗生素不敏感,耐冷而不耐热,一般 50 ℃～60 ℃下,数分钟到半小时即可灭活,4 ℃以下较稳定,可生存一周到几个月,冷冻状态,可生存时间更长。

#### (一) 草鱼出血病

草鱼出血病是严重危害当年草鱼鱼种的一种传染性疾病,流行季节长,发病率高,经济损失大。

病原体:草鱼疱疹病毒属呼肠孤病毒科呼肠孤轮状病毒属,具有双层衣壳,对乙醚、氯仿等脂溶剂不敏感,耐酸 (pH 值 3),耐碱 (pH 值 10),耐热 (56 ℃)。

主要症状:患病鱼体变黑,口腔、眼眶四周和鳍条基部可见充血,剥除鱼皮,肌肉呈点状或块状充血、出血,严重时全身肌肉呈鲜红色。有些病鱼的口腔、鳃盖、眼眶四周、鳍条基部、鳞片等出现不同程度的充血、出血现象,肌肉局部点状出血或不明显,肠道无食物,或肠壁充血;有些病鱼体表和肌肉不表现出血症状,而整个肠道出血,肠壁充血,其他内脏器官呈局部出血或失血状。

流行情况:草鱼(青鱼)出血病是一种流行区域广、危害严重的病毒性疾病。该病主要危害草鱼鱼种,流行季节,一般为 6 月下旬到 10 月,

7～8 月份是流行高峰期。适宜水温 20～33 ℃，最适水温为 27～30 ℃，水温 25 ℃以下时，病情逐步缓解。

防治方法：

1. 放鱼前清除池底多余的淤泥，用生石灰 200 克/米³消毒。

2. 人工注射免疫草鱼出血病灭活疫苗，或用草鱼出血病疫苗浸泡鱼种，增强机体抵抗力。

3. 采用混养、套养的生态养殖模式，加强日常管理，可有效降低发病率。

4. 每 100 千克鱼种用 0.5～1.0 千克大黄，煎煮或热开水浸泡过夜，拌饵投喂。每天投喂 2 次，连续投喂 3～5 天。

**（二）青鱼出血病**

病原体：病毒颗粒呈球形，颗粒中央有电子较高的核心，核心周围有一层厚 16 纳米左右的外膜，其种类尚未鉴定。

症状：同草鱼出血病症状。

流行情况：青鱼出血病主要危害 1 足龄青鱼鱼种，当年青鱼鱼种也会感染发病。该病流行于热天，死亡率高，经济损失严重。

防治方法：同草鱼出血病。

**（三）鲤春病毒病**

病原体：鲤弹状病毒，对酸、乙醚和热敏感。

主要症状：病鱼呼吸缓慢，体色发黑，腹部膨大，眼球突出和出血，肛门红肿，鳃颜色变淡。解剖病鱼，腹腔有积水，肠壁发炎，鳔壁有出血斑点，肝、脾、肾肿大，颜色变淡，肝部分组织坏死。

流行情况：为全球性鱼病，主要危害 1 龄以上的鲤鱼，鱼苗和鱼种很少感染。流行于春季，适宜水温为 13～20 ℃，水温超过 22 ℃时就不再发病。

防治方法：

1. 人工选育抵抗力强的品种进行养殖。如保留病愈鲤作为亲本，其子一代有一定免疫力。

2. 加强综合预防，严格执行检疫制度，禁止病原携入。

3. 发病水体，将水温提高到 22 ℃，可有效控制疾病的发展。

**（四）鲤痘疮病**

病原体：鲤痘病毒，疱疹病毒属，对乙醚、pH 值及热不稳定，病毒复制适温 15～20 ℃，不产生合包体，受碘抑制。

主要症状：病鱼体表出现小斑点，逐步变厚，增大，严重时融合成一片，增生物表面先光滑，其后变粗糙，玻璃样或蜡样，颜色为乳白色或奶油色，有时为褐色。患病鱼体常消瘦，生长缓慢。

流行情况：主要危害 1 龄以上鲤鱼，影响鱼类生长，降低鱼的商品价值，越冬后可引起病鱼死亡。流行季节是冬季及早春，流行水温为 $10\sim16$ ℃。该病流行不广，危害性不大。

防治方法：

1. 疾病流行地区改换养殖其他品种鱼类，可有效预防疾病的发生。
2. 升高水温及适当稀养有一定预防效果。
3. 发病池塘工具消毒，隔离病鱼，并全池泼洒生石灰。
4. 将病鱼放于高溶氧的流水中，体表增生物可自行脱落而痊愈。

**（五）鲤鳔炎病**

病原体：弹状病毒，对乙醚、酸和热敏感，pH 值 3 时，60 分钟病毒失活，50 ℃经 30 分钟后，病毒失活。

主要症状：病鱼体色发黑、消瘦，反应迟钝，腹部膨大。高温季节，病鱼鳔发生严重炎症时，鳔组织崩解，并发腹膜炎，导致死亡，死亡率可达 100%。慢性型鲤鳔炎病，一年四季均可发生，鳔组织发炎、增厚，鳔内腔变小且充满含血的浆液，并与周围器官黏连。

流行情况：主要危害不同阶段的鲤鱼。该病死亡率高，流行水温 $15\sim22$ ℃，水温低于 13 ℃，病毒活性降低，呈潜伏状。

防治方法：

1. 进行综合预防，严格执行检疫制度，控制病原体带入。
2. 改换对该病毒不敏感的鱼类养殖，如鲫鱼等。
3. 加强日常工作管理，维持良好水质环境。

## 二、细菌性疾病

因感染细菌而引起的疾病称为细菌性疾病。鱼类细菌性疾病种类多，病理特征也各不相同，养殖技术人员必须从发病季节、主要症状、感染对象、病原体等多个方面来综合考虑，确定疾病种类。

**（一）细菌性烂鳃病**

病原体：鱼害黏球菌，革兰阴性，生长良好，适宜 pH 值为 $6.5\sim7.5$。

主要症状：病鱼体色发黑，游动缓慢，反应迟钝，食欲减退，呼吸困难，鳃盖内表面皮肤组织充血发炎，严重时，中间部分往往糜烂呈圆形或不规则形的透明小窗，俗称"开天窗"。病鱼鳃黏液增多，鳃片上有泥，呈灰色、白色，鳃丝肿大，严重时，鳃小片坏死脱落，鳃丝末端缺损，鳃丝软骨外露。病鱼鳍条边缘色泽常变淡，呈"镶边"状。

流行情况：主要危害草鱼和青鱼，鲤、鲫、鲢、鳙、团头鲂等，尤其以当年草鱼危害最为严重，可引起批量死亡。该病发病缓慢，病程长，流行季节为4～10月，流行水温为15～30℃，水温越高，疾病越易暴发流行，致死时间也就越短。

预防方法：

1. 彻底清塘，不投放未发酵处理的草食性动物粪肥。

2. 选择优质鱼种放养，鱼种下塘前，用2%～4%食盐水药浴10～20分钟，或1%大黄煎熬药液浸泡5分钟，抑或10%乌桕叶煎熬液浸泡10分钟，均能起到一定的预防效果。

3. 加强饲养管理，维持良好水质，增强鱼体抵抗力。

4. 疾病高发季节，养殖水体每月定期泼洒生石灰或漂白粉一次，食场每半个月挂袋或泼洒漂白粉消毒1～2次。

治疗方法：

1. 发病水体，全池泼洒1～1.5克/米³漂白粉（30%有效氯），0.4～0.5克/米³三氯异氰尿酸（85%有效氯），0.5～0.6克/米³优氯净（56%有效氯）。

2. 五倍子碾碎，开水浸泡，全池泼洒，浓度为2～4克/米³。

3. 将干乌桕叶用2%石灰水浸泡过夜，煮沸10分钟，连水带渣全池泼洒，浓度为3.7～4.0克/米³。

4. 大黄经0.3%氨水浸泡，连水带渣全池泼洒，浓度为2.5～3.7克/米³。

### （二）赤皮病

赤皮病又叫出血性腐败病、赤皮瘟、擦皮瘟，是草青鱼主要疾病之一。此病多发生在2～3龄大鱼，常与烂鳃病、肠炎病同时发生，形成并发症。

病原体：荧光假单胞菌，革兰阴性菌，好气，pH值5～11的水中均能生长，最适温度为25～30℃，50℃以上菌株死亡。

主要症状：病鱼体表局部或大部分发炎出血，鳞片脱落，鳍基部充血或缺失，鳍条间的软组织腐烂，使鳍条呈扫帚状。有时病鱼鳃盖部分充血发炎或腐烂，形成透明小窗状。病鱼行动缓慢，反应迟钝，鳍条腐烂处和鳞片脱落处常伴有水霉。

流行情况：该病危害鱼类品种较多，如草鱼、青鱼、鲤鱼、鲫鱼、团头鲂等多种淡水鱼，一年四季均可流行，并常与烂鳃、肠炎病并发。发病鱼体常先受伤，健康鱼体难以感染。

防治方法：

1. 生产操作过程中，须小心谨慎，避免鱼体受伤。

2. 参考烂鳃病的中草药治疗方案。

### （三）细菌性肠炎

该病是我国水产养殖业中最为严重的病害之一，全国各地均有发生。

病原体：肠型点状气单胞菌，革兰阴性短杆菌，pH 值 6～12 中均能生长，60 ℃时 0.5 小时即可死亡。该菌为条件致病菌，只有鱼体健康受损或环境条件因素的诱发下才能发病。

主要症状：病鱼体色发黑（尤其头部），食欲减退或不摄食，常沿池边缓慢游动，或漂浮水面，反应迟钝。腹部膨大积水有红斑，肛门红肿外突，并伴有黄色黏液流出。疾病初期，肠壁发炎充血，黏液增多，肠道内无食物或后段有少量食糜。疾病后期，肠壁无弹性，肠道无食物，肠道呈红色或紫红色，肠道里塞满黄色积液。

流行情况：主要危害草鱼、青鱼，鲫鱼和鲤鱼也有少量发生，从鱼种到成鱼均可感染。流行季节为 4～9 月，水温 18 ℃以上开始流行，流行高峰期水温为 25～30 ℃，常与细菌性烂鳃病和赤皮病并发，严重时死亡率可达到 90％以上，是养殖鱼类中危害较严重的疾病之一。

防治方法：

1. 彻底清塘消毒，保持水质清洁，杜绝病原体的滋生。鱼种下水前用 10 克/米³漂白粉药浴 20～30 分钟，疾病流行季节，每个月全池泼洒漂白粉，使水体浓度达到 1 克/米³。

2. 加强饲养管理，密切关注鱼体动态，维持良好水质，能起到一定的预防作用。该病是经口感染的一种传染病，饲料新鲜安全是预防此病的关键。

3. 疾病流行季节，每 100 千克鱼用大蒜 500 克（或大蒜素 2 克），食盐 200 克拌饲料，分两次投喂，连喂 3～5 天；每 100 千克鱼每天用干地锦草、马齿苋、铁苋菜或辣蓼 500 克粉末，食盐 200 克拌饲料，分两次投喂，连喂 3～5 天；每 100 千克鱼每天用干穿心莲 2 千克，食盐 200 克拌饲料，分两次投喂，连喂 3～5 天。

## （四）主要淡水养殖鱼类暴发性流行病

病原体：嗜水气单胞菌和温和气单胞菌，革兰阴性短杆菌。

症状：病鱼上下颌、口腔、鳃盖、鳍条基部等均有不同程度充血，肠道还尚存少许食物。严重时，鱼体表面充血或出血，眼眶四周充血，眼球突出，肛门红肿，腹部膨大积水，肝、肾变白，呈花斑状。脾呈紫黑色，肠内没食物，有时肠内积水或胀气。因病程长短、疾病的发展阶段、病鱼种类及年龄等不同而病理特征有所差异。

流行情况：危害鱼种类最多、年龄范围最大、流行地区最广、流行季节最长、造成损失最大的一种急性传染病。流行水温 9～36 ℃，2 月底到 11 月均可流行。

防治方法：

1. 彻底清塘消毒，选择体质健壮鱼体养殖，鱼体下塘前进行药浴。

2. 疾病流行季节，养殖水体定期泼洒生石灰或氯制剂消毒处理，维持良好水质。

3. 发病水体生产工具定期消毒处理，死鱼不乱扔，须深埋。

## （五）白皮病

白皮病又名白尾病，是鲢鳙鱼的主要病害之一，病程短，病势凶猛，死亡率极高，发病后 2～3 天就可造成大量死亡。

病原体：鱼害黏球菌，革兰阴性菌。

主要症状：初期，病鱼尾柄变白，随后逐步扩展蔓延，严重时，尾鳍烂掉，或残缺不齐，背鳍与臀鳍间的体表及尾鳍处都显示白色，鳞片常掉落。游动时，病鱼头部向下，尾部向上，与水面垂直，作挣扎状游动。

流行情况：该病广泛流行于我国各地鱼苗、鱼种池，主要危害鲢鳙鱼，青鱼和草鱼有时也感染，其鱼苗和夏花鱼种更为严重。病程短，死亡率较高。流行季节为 6～8 月，流行区域广，最高死亡率可高达 50％。

防治方法：

1. 鱼体下塘前，用 20 克/米³ 高锰酸钾溶液或 3％～5％ 食盐水药浴 10～20 分钟。

2. 适时加注新水，保持水质良好和丰富饵料。

3. 日常操作过程，如分池、运输、拉网锻炼等，须小心谨慎，避免擦伤鱼体。

4. 发病水体，可全池泼洒 2～4 克/米³ 五倍子溶液。先将五倍子磨碎，用开水冲溶，然后再全池泼洒。

### （六）白头白嘴病

白头白嘴病是危害夏花鱼种（青、草、鲢、鳙、鲤等）的严重病害之一，草鱼尤为严重。发病速度快，来势凶猛，死亡率高，严重时，整个水体的野杂鱼如麦穗鱼、蝌蚪、泥鳅等也会被感染而死。

病原体：病原体为黏球菌属的新种，与鱼害黏球菌的形态相似，最适生长温度为 25 ℃，pH 值 7.2。

主要症状：病鱼体瘦，体色黑，反应迟钝，吻端到眼球的一段皮肤色素消退，变成乳白色，唇肿胀，嘴张闭失灵，呼吸困难，口周围糜烂。观察水体里的病鱼，可见"白头白嘴"症状，若离开水体，症状不太明显。

流行情况：危害鱼类品种较多，青、草、鲢、鳙、鲤等鱼苗和夏花，尤以草鱼夏花更为严重。该病为暴发性鱼病，发病快，死亡率高，死亡鱼种类多，严重时水体麦穗鱼也会感染死亡。流行于 5~7 月，6 月为高峰期，7 月下旬后比较少见。

防治方法：

1. 加强饲养管理，根据鱼苗生长状况，及时分塘，维持合适密度和良好水质，否则极易发生该病。

2. 不施放未充分发酵处理的粪肥，如牛、羊等畜粪；定期消毒处理食场、水体和生产工具。

3. 疾病流行季节，每隔 10 天全池泼洒 1 克/米³ 漂白粉，或 2 克/米³ 五倍子，有一定的预防作用。

4. 发病水体，可全池泼洒 4 克/米³ 五倍子，或 1 克/米³ 漂白粉。

5. 大黄 500 克，用 10 千克的 0.3% 氨水浸泡 12 小时，全池泼洒，使浓度达 2.5~4.0 克/米³。或用 2% 生石灰水溶液常温浸泡乌桕叶干粉 12 小时后，煮沸 10 分钟，稀释全池泼洒浓度为 2.5~4.0 克/米³。

### 三、真菌类疾病

由于真菌感染而产生的疾病，称为真菌类疾病。真菌类疾病不但危害水产动物幼体和成体，而且还危及卵，严重影响孵化。目前在我国水产养殖中，尚无理想的治疗方法，主要重在预防。

### （一）水霉病

水霉病又叫肤霉病、白毛病。

病原体：水霉和棉霉。

主要症状：发病初期，肉眼难以发现。随着时间延长，菌丝不断向外长出，像灰白色棉毛状，俗称"生毛"，或白毛病。患病鱼体游动缓慢，食欲减退，个体消瘦，最后死亡。鱼卵在孵化过程中，感染后呈放射状，故称"太阳籽"。严重时，造成鱼卵大批死亡。

流行情况：淡水水域均有存在，一年四季均可流行，以早春、晚冬最为流行，适温范围广为 $5\sim26\ ℃$，$13\sim18\ ℃$为繁殖最适温度，对寄主无严格选择，从鱼卵到成鱼都可感染。

防治方法：

1. 彻底清洗鱼池、鱼巢并消毒处理。

2. 鱼体或鱼卵用 $3‰\sim5‰$食盐水消毒处理 $5\sim15$ 分钟。

3. 加强生产管理，提高鱼体免疫抵抗力。

4. 日常生产操作小心谨慎，防止鱼体受伤。

5. 条件许可的话，人工提高养殖水体温度至 $21\ ℃$以上，抑制真菌的生长。

6. 全池泼洒五倍子，使水体浓度达到 4 克/米$^3$。

### (二) 鳃霉病

在淡水鱼疾病中，鳃霉病的危害性是比较严重的一种，从鱼苗到成鱼都可被感染，以鱼苗受害最大。

病原体：鳃霉菌。

主要症状：发病初期，病鱼体表和内脏正常。随着鳃霉菌丝在鳃组织中不断扩展，病鱼呼吸困难，游动缓慢，鳃上黏液增多且有出血、瘀血或缺血的斑点，呈花鳃。病情严重时，整个鳃呈青灰色。鳃霉病一般呈急性型，环境条件适宜时，$1\sim2$ 天可大量繁殖，出现暴发性急性死亡，随着水温的降低，则转入次急性型和慢性型。

流行情况：通过孢子与鳃直接接触而感染，死亡率可达 $90‰$以上，主要危害草鱼、青鱼、鳙鱼、黄颡鱼等。流行季节为 $5\sim10$ 月，以 $5\sim7$ 月为甚，为口岸鱼类第二类检疫对象。

防治方法：

1. 清除池塘过多淤泥，且用生石灰或氯制剂消毒处理。

2. 养殖鱼类严格执行检疫制度，严防患病鱼带入病原体。

3. 疾病高发季节，加强日常管理，定期水体消毒，维持良好水质。

4. 发病水体，全池泼洒漂白粉，使浓度达到 1 克/米$^3$。

5. 发病水体，加入适量新水，或转移鱼至水质较瘦或流动水体。

## 四、寄生虫疾病

指由动物性病原体寄主鱼类而引起的各类疾病的统称。病原体主要包括原生动物、蠕虫动物、甲壳动物等寄生虫。蚌类的钩节幼虫可短暂寄主鱼体体表和鳃，也可引起鱼苗呼吸困难和死亡，因此也可列入寄生虫类。

### （一）原生虫引起的各类疾病

原生虫形态简单，通常一个机体只有一个细胞，肉眼难以看到，种类多。水产上比较常见的原生虫病原体有鞭毛虫、孢子虫、纤毛虫等，有些病原体寄生在鱼体表面和鳃，有些寄生在鱼体肠道。有些病原体少量寄生时，并不造成疾病，有些病原体，不但经常大量发生，而且还造成鱼类的流行病，严重影响鱼类生长发育，甚至导致批量死亡。

1. 鞭毛虫病

鞭毛虫的主要特征是以鞭毛作为运动器官，多数是一个细胞核，无性繁殖是纵二分裂，主要寄生在体表和鳃上，其次是血液和消化道。

（1）鳃隐鞭毛虫病

病原体：鞭毛虫纲，波豆目，波豆科，隐鞭虫属的鳃隐鞭毛虫。

主要症状：疾病初期，症状不明显。随着病情加重，病鱼游动缓慢，呼吸困难，鱼体发黑，食欲减退，少量吃食或不吃食，鳃和（或）皮肤上有大量黏液。

流行情况：鳃隐鞭毛虫主要寄生在青、草、鲢、鳙、鲤、鲫、鳊鱼等鱼类的鳃、皮肤、鼻腔中，主要危害草鱼夏花。当大量寄生时，鳃表皮细胞被破坏，鳃血管发炎，影响血液循环，同时刺激鳃组织分泌大量黏液，造成呼吸困难，最后窒息死亡。流行5～10月，7～9月尤为严重，病情短，死亡率高。

防治方法：鱼池水体用生石灰或漂白粉消毒处理；鱼体下塘前用8～10克/米$^3$硫酸铜（或5∶2硫酸铜、硫酸亚铁合剂）或10～20克/米$^3$高锰酸钾溶液药浴10～30分钟，或2%～5%食盐水药浴5～15分钟；发病水体，全池泼洒硫酸铜或硫酸铜和硫酸亚铁合剂（5∶2），使池水浓度为0.7克/米$^3$。

（2）颤动隐鞭毛虫病

病原体：颤动隐鞭毛虫，虫体用后鞭毛插在寄主的皮肤和鳃表皮组织内，作挣扎状颤动。脱落寄主，可在水中自由游动。

主要特征：大量寄生时，可引起鱼苗身体瘦弱，生长缓慢，甚至引起死亡，但一般无明显发病症状。感染幼鱼时，皮肤和鳃的黏液增多，无其他症状发生，危害性不及鳃隐鞭毛虫。

流行情况：主要寄生在鲤、草、青、鲢、鳙、鲫、鳊等鱼类的皮肤和鳃上，主要危害鲤鱼和鲮鱼鱼苗。

防治技术：同鳃隐鞭毛虫病。

2. 鱼波豆虫病

病原体：漂游鱼波豆虫，动基体目，波豆科，纵二分裂繁殖。离开寄生组织后，好像漂流水中的树叶，不能自主地游动。虫体离开寄主6～7小时后便死亡。

主要症状：疾病初期，无明显症状。严重时，病鱼体色发黑，身体瘦弱，皮肤和鳃上黏液增多，寄生部位发炎、充血，甚至糜烂。显微镜下观察黏液，可见大量漂游鱼波豆虫。

流行情况：流行季节一般为春秋两季，水温12～20 ℃之间，高温季节很少发生，危害各种温水和冷水性鱼类，鲤鱼更为严重，对幼鱼危害最大。鱼年龄越小越容易感染。

防治方法：同鳃隐鞭毛虫防治方法。

3. 锥体虫病

病原体：锥体虫，属于锥体虫目，锥体虫科，锥体虫属，专寄生在鱼体血液中，用纵二分裂法进行繁殖，通过中间寄主水蛭而传播。

主要症状：少量寄生时，鱼体体表和内脏都较难发现症状；大量寄生时，可引起鱼体贫血，或出现昏睡症，对鱼危害不大。

流行情况：该病无区域性、无季节性，任何鱼种均可感染，一般野生鱼种较人工养殖鱼更易感染。当水蛭等蛭类动物吸食病鱼血液后，锥体虫在蛭体内繁殖，当蛭再次吸食其他鱼类血液时，就将锥体虫传给鱼体。一般危害不大，感染率和死亡率不高，很少导致鱼类死亡。

防治方法：用生石灰或漂白粉清塘，杀灭水蛭，切断传染途径来达到预防目的。

**（二）孢子虫引起的疾病**

1. 疯狂病

病原体：鲢碘泡虫。主要寄生在鱼体神经系统和感觉器官中。

主要症状：病鱼头大尾小，尾部上翘，体色暗淡无光泽，离群，独自急游打转，不时跳出水面，复又钻入水里，如此反复致死。有时病鱼侧游打转，失去平衡能力和摄食能力而死。死鱼一般头钻入泥中。解剖病鱼，肠道无食物，肝脏和脾脏萎缩，气鳔变形，有时腹腔积水。

流行情况：主要危害 1 足龄鲢鱼，能引起批量死亡，未死鱼的商品价值也严重降低。流行区域和水域较广泛，全国各地的江河、湖泊、水库、池塘等水体均有发生。

防治方法：

（1）必须清除池底过多淤泥，用生石灰或氯制剂消毒处理；

（2）加强饲养管理，增强鱼体抵抗力，生产工具定期消毒处理；

（3）全池遍洒晶体敌百虫，能有一定的防治作用；

（4）将晶体敌百虫拌饵投喂。

（5）及时捞取病死鱼，远离水体挖坑深埋，以免感染其他健康鱼群和干净水体。

2. 饼形碘泡虫病

病原体：饼形碘泡虫。

主要症状：主要寄生鱼体肠壁，尤以前肠的固有膜和黏膜下层为多，形成白色小囊胞。病鱼体色发黑，腹部膨大，肠内无食，前肠增粗，肠壁组织糜烂。

流行情况：是草鱼育苗期间一种严重鱼病，主要危害全长 5 厘米以下的草鱼，死亡率可达 90％以上，同池其他鱼类不感染。

防治方法：

（1）必须清除池底过多淤泥，用生石灰或氯制剂消毒处理。

（2）加强饲养管理，增强鱼体抵抗力。

（3）全池遍洒晶体敌百虫，能有一定的防治作用。

（4）将晶体敌百虫拌饵投喂。

3. 单孢子虫病

病原体：肤胞子虫，以孢子形式寄生，孢子结构简单，没有极囊和极丝。

主要症状：寄生鱼体鳃与体表，形成肉眼可见的灰白色肉囊，周围的寄主组织腐烂、发炎。严重时，鱼体全身都布满病原体囊胞，鱼体发黑，极度消瘦，甚至死亡。

流行情况：主要危害青草鱼、鲢鳙鱼、镜鲤、鲤鱼等，全国各地均有发生，流行季节是 4～6 月，危害性不大。

防治方法：

（1）清除池塘过多的淤泥并消毒处理。

（2）鱼体下水前，用晶体敌百虫或高锰酸钾溶液药浴，能起到预防的作用。

（3）发病水体全池遍洒晶体敌百虫，有一定的治疗效果。

（4）患病鱼死亡后，深埋或消毒处理作饲料。

**（三）纤毛虫引起的疾病**

纤毛虫主要特征就是以纤毛作为运动胞器，有大核和小核，无性繁殖为二分裂，在一定环境下可形成胞囊。在我国淡水水体中常见的纤毛虫主要有斜管虫、车轮虫、小瓜虫、舌杯虫等。

1. 斜管虫病

病原体：鲤斜管虫，属管口科，斜管虫属，为横二裂及接合生殖进行繁殖。

主要症状：鲤斜管虫寄生在淡水鱼鳃和皮肤上，大量寄生时，病鱼鳃和皮肤黏液增多，皮肤与实物摩擦，表皮发炎、坏死，呼吸困难。水温适宜时，病原体繁殖非常迅速，从发现个别病原体后，经过 2～3 天，鱼体皮肤、鳃、鳍条上就会大量出现，导致鱼大批死亡。

流行情况：主要危害鱼苗、鱼种或亲鱼，严重时可引起大量死亡。该病流行于春季和冬季，流行水温为 12～18 ℃，全国各地养殖场均有发生。

防治方法：

（1）放养池塘清除多余淤泥，并用生石灰或漂白粉消毒处理。

（2）鱼体下塘前用 8～10 克/米$^3$硫酸铜（或 5：2 硫酸铜、硫酸亚铁合剂）或 10～20 克/米$^3$高锰酸钾溶液药浴 10～30 分钟，或 2％～5％食盐水药浴 5～15 分钟。

（3）水温低于 10 ℃时，全池泼洒硫酸铜和硫酸亚铁制剂（5：2），使池水浓度达到 0.3～0.4 克/米$^3$。

（4）发病水体，全池泼洒硫酸铜或硫酸铜和硫酸亚铁合剂（5：2），使池水浓度为 0.7 克/米$^3$，对该病有一定的治疗作用。

2. 小瓜虫病

病原体：多子小瓜虫，全毛目，凹口科，小瓜虫属。成虫卵圆形或球形，肉眼可见，可任意变形，全身密布短而均匀的纤毛，为分裂生殖，一般为不等分，繁殖适温为 15～25 ℃，10 ℃以下和 26～28 ℃时停止发育，28 ℃以上幼虫易死亡。

主要症状：多子小瓜虫寄生在淡水鱼的鳃、皮肤、鳍、口腔等处，形成1毫米左右的小白点，故又叫白点病。取下小白点，挑破膜，放显微镜下可观察到小虫滚出。病情严重时，全身布满白点，体表黏液增多，表皮发炎甚至糜烂，鱼体与固体物摩擦，最后呼吸困难而死。

流行情况：对鱼种类、年龄及区域性无选择，全国各地均有发生，尤以高密度养殖的静水体幼鱼更为严重，是一种流行广、危害大的鱼病之一。流行季节为春秋两季。

防治方法：

（1）放养前要进行彻底清塘，清除池中的带虫鱼类。

（2）加强日常管理，保持良好环境，增强鱼体抵抗力。

（3）不能使用硫酸铜来治疗小瓜虫病，因为硫酸铜会促进小瓜虫繁殖，导致病情恶化。

3. 车轮虫病

病原体：车轮虫和小车轮虫，属环毛目，壶形科，生殖采用纵二分裂和接合生殖。

主要症状：少量寄生，无明显症状；严重时，病鱼游动缓慢，寄生处黏液增多，鳃组织腐烂，鳃丝的软骨外漏，呼吸困难而死，无其他明显症状。

流行情况：主要危害鱼苗、鱼种，寄生鱼体鳃和体表各处，有时鼻孔、膀胱也有寄生。全国水产养殖区域，一年四季都有发生，最流行季节为春夏两季（5～8月），严重时可引起大批量死亡。

防治方法：

（1）清理池塘并消毒。

（2）鱼体下塘须消毒，10～20克/米³高锰酸钾或2%～5%食盐水药浴10～20分钟，0.7克/米³硫酸铜药浴10～15分钟。

（3）每100平方米水体苦楝树新鲜枝叶5公斤，煎煮后全池遍洒。

（4）发病水体，全池泼洒硫酸铜和硫酸亚铁合剂（5：2），使池水浓度为0.7克/米³，可有效杀灭体表和鳃上的车轮虫。

**（四）单殖吸虫引起的疾病**

单殖吸虫是一类体形较小的寄生虫，绝大多数寄生在鱼类体表，少数寄生在鱼的口腔、鼻腔或膀胱内。单殖吸虫一般为卵生，有些是卵胎生（如三代虫）。

1. 指环虫病

病原体：指环虫，属指环虫科，指环虫属，致病种类主要有寄生草鱼鳃、体表的鳃片指环虫、寄生鳙鳃的鳙指环虫、寄生鲢鳃的小鞘指环虫和寄生鲤、鲫及金鱼鳃的坏鳃指环虫。为卵生，温暖季节可不断产卵、孵化。

主要症状：发病初期，鱼体轻度感染，无明显症状。大量寄生时，尤其是鱼苗，病鱼游动缓慢，身体瘦弱，鳃丝红肿，黏液增多，呈花鳃，最后因呼吸困难而死。

流行情况：流行春末夏初，适宜水温为 20～25 ℃，全国各地均有发生，危害各种淡水鱼类。

防治方法：

（1）准备放养的水体，用生石灰消毒处理，待毒性消失后再投放鱼体。

（2）鱼体下水前用 20 克/米³ 高锰酸钾溶液浸泡 15～25 分钟后再下池。

（3）全池泼洒晶体敌百虫，使池水达到 0.3～0.7 克/米³ 浓度。

（4）用千分之一氨水溶液浸洗病鱼 5～10 分钟，能有一定疗效。

2. 三代虫病

病原体：三代虫，属三代虫科，三代虫属。常见有寄生于鲢鳙鱼体表、鳃、口腔的鲢三代虫，寄生草鱼体表和鳃的鲩三代虫，寄生鲤、鲫、金鱼体表和鳃的秀丽三代虫。三代虫营卵胎生生殖。

主要症状：感染大量三代虫，鱼体极度不安，时而狂游水中，时而侧游于水体，企图摆脱袭扰。严重时，病鱼体表有一层灰白色的黏液，食欲降低，鱼体消瘦，呼吸困难。显微镜下可明显看到运动的虫体。

流行情况：流行春季和初夏，适宜水温为 20 ℃ 左右，主要危害苗种。

防治方法：同指环虫的防治方法。

**（五）甲壳动物引起的疾病**

甲壳动物种类很多，只有少数种类营寄生生活，寄生在鱼体体表、鳃、口腔、鳍及鼻孔，对鱼体有致病作用。

1. 大中华鳋病

病原体：大中华鳋，属桡足亚纲剑水蚤目鳋科中华鳋属。

主要症状：少量寄生时，鱼体症状不明显。当大量寄生时，鱼体食欲减退，体色发黑，呼吸困难，严重或并发其他疾病时，鱼体离群独游，或漂流水面，不久死亡。掀开病鱼鳃盖，鳃上黏液多，鳃丝末端膨大成棒槌状，且挂着许多白色小蛆样物体（其实是中华鳋卵囊）。

流行情况：大中华鳋寄生草鱼、青鱼、鲶鱼等鱼类鳃丝末端内侧，是寄生草鱼鳃上最常见和分布最广的一种寄生甲壳动物，流行季节为5月下旬到9月上旬。

防治方法：

（1）用生石灰带水消毒，可杀死水中大中华鳋。

（2）鱼种下塘前，用硫酸铜和硫酸亚铁合剂（5：2）0.7克/米³浸洗15～25分钟。

（3）患病水体，如不能清塘消毒，可采取换养其他鱼类来达到避免发生此病的流行。

（4）发病水体，全池泼洒0.7克/米³硫酸铜和硫酸亚铁合剂（5：2）有一定的疗效。

（5）发病水体，全池泼洒敌百虫，池水浓度为2克/米³。

2. 鲢中华鳋病，又叫翘尾巴病

病原体：鲢中华鳋，桡足亚纲剑水蚤目鳋科中华鳋属，身体呈圆筒形，乳白色，较大中华鳋短而宽。

主要症状：雌鳋用第二触肢的大钩钩住鲢鳙鱼的鳃丝和鳃耙上。少量寄生时，鱼体无明显症状。大量寄生时，患病鱼体发黑，消瘦，焦躁不安，不时跳跃或水面打转，尾鳍上叶上翘露出水面，故又叫翘尾巴病。

流行情况：主要危害一龄以上的鲢鱼和鳙鱼，大个体当年鱼种也有被寄生的。

防治方法：同大中华鳋病的防治方法。

3. 锚头鳋病，又叫蓑衣病

病原体：锚头鳋，属于桡足亚纲剑水蚤目锚头鳋科。寄生在鱼的皮肤、鳃、口腔、头部等处，雄性个体始终保持剑蚤型，雌性锚头鳋营永久性寄生生活，无节幼体营自由生活，桡足幼体营暂时性寄生生活。寄生在鱼体的锚头鳋有不同时期，幼虫如细毛，白色，无卵囊，长到一定程度后，锚头鳋身体透明，可见黑色肠道蠕动，卵巢在肠道两侧占显著位置，有一对绿色卵囊拖在后面，其后锚头鳋身体慢慢变混浊，变软，体表着生许多累枝虫，显老态样。

主要症状：锚头鳋以其头角和一部分胸部钻入鱼体肌肉中，身体大部分裸露在外面，虫体还常常附生一些原生动物。发病初期，鱼呈现急躁不安，食欲减退，逐步消瘦，游动缓慢。大量寄生时，鱼体像穿了蓑衣样，故又叫蓑衣病。由于锚头鳋的种类和各寄主身体结构不同，致使患病鱼体所呈现的病理特征有所差异。

流行情况：锚头鳋病是一种世界性寄生虫病，流行广，当年鱼种和成鱼均可感染，流行季节为 4～10 月，以秋季较为严重。

防治方法：

（1）用生石灰消毒处理水体，可以杀灭水体中锚头鳋幼虫。

（2）鱼种下塘前，如有锚头鳋，用高锰酸钾溶液进行药浴，水温 15～20 ℃时，使用浓度为 20 克/米³，21～30 ℃时用 10 克/米³，药浴时间为 1～1.5 小时。

（3）在疾病高发季节，全池泼洒 0.5 克/米³敌百虫（90％）溶液，间 2 周泼洒 1 次，连泼 2～3 次，可杀死锚头鳋幼虫；如果锚头鳋为壮虫期，施药一次就可以控制病情；如果锚头鳋为成虫，则不用药。

（4）利用锚头鳋对寄主的选择性，可以更换鱼种养殖。

（5）敌百虫可以杀死锚头鳋幼虫，对寄生鱼体的成虫没效，而高锰酸钾可以杀灭锚头鳋幼虫和成虫。

# 第五节　疾病的诊断

鱼类疾病发生初期，一般是先个别发病，且症状也不是很明显。因此技术人员必须定期巡塘，仔细观察，密切关注水源、水质变化情况和养殖动物吃食、活动及体色等多个方面的情况，定期进行养殖鱼类日常疾病检疫筛查。如有异常，立即调查分析情况，确定疾病种类，寻找病因，选择合适鱼药治疗，防止鱼类批量死亡。

## 一、现场调查，寻找病因

凡病均有病因，鱼体患病后，水产技术人员必须开展调查，查找病因，以便对症下药。调查发病养殖池水质、放养模式、饲料种类与来源、投饲量、养殖动物摄食情况、水体管理等情况。

## 二、临床检查患病鱼的病理特征

临床检查就是利用人的感官或借助放大镜、剪刀、镊子、pH 试纸等便于携带的简易器械进行检查。检查的常用方法有目检和镜检。目检就是以病状为依据,用肉眼仔细检查体表及内脏的变化。但往往一种症状会在几种疾病中都同样出现,如体色发黑,鳍条基部充血症状为赤皮病、疖疮病、烂鳃病等所共有症状。因此,还得借助光学显微镜检查(镜检)来弥补目检的不足。镜检是用显微镜对目检无法看到的病原体作进一步的确诊,检查病鱼目检顺序流程见图8-1。

**(一)检查标本**

被检查鱼体必须是刚死或活的个体,新鲜,鱼体湿润,病理症状明显,检查数量5~10尾,以保证检查结果的可靠性。鱼体在进行检查前,进行编号标记,并且记录时间、采样地点、鱼类品种、鱼体规格、性别等。

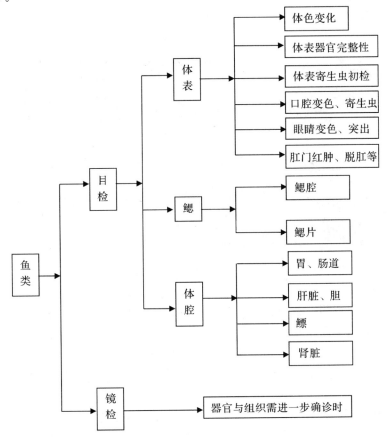

**图8-1 病鱼目检顺序流程图**

### （二）肉眼检查（目检）

#### 1. 目检顺序

目检鱼类样本时，通常按照如下的顺序进行：a 体表；b 眼睛；c 鼻腔；d 口腔；e 鳃丝；f 腹腔；g 消化道；h 肝脏；i 脾脏；j 胆囊；k 性腺；l 肾脏；m 膀胱；n 心脏；o 肌肉，见图 8-2。

#### 2. 目检体表

通过肉眼观察患病个体来进行初步判断。先把鱼放在解剖盘内，查看鱼体表是否有寄生虫、体色是否变黑、鳃丝是否红肿等现象。

#### 3. 目检内脏

目检体表后，接着解剖内脏检查。首先看是否有腹水、大型寄生虫，观察内脏器官有无肿大、萎缩、硬化、出血，然后取出内脏，放在解剖盘上，逐个分开各器官，依次进行检查。一般目检到的一些病理症状，不能立即决定疾病种类，还须有待镜检。

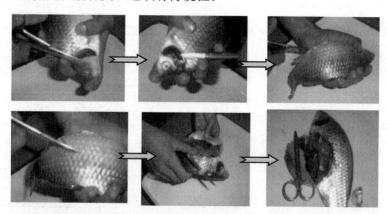

图 8-2　病鱼解剖流程图

### （三）光学显微镜检查（镜检）

镜检是用显微镜对目检无法看到的病原体作进一步的确诊。检查寄生虫时，较大寄生虫可直接放在小玻璃皿或玻片上观察，肉眼较难看清或不易发现的寄生虫可压片观察；检查细菌病原体时，可取病灶组织或黏液、腹水、血液、病变器官等进行涂片、染色观察，观察病理特征用组织切片法。

组织压片：洁净载玻片上加一滴无菌蒸馏水，用镊子取少许待检组织，置于水滴中央，用镊子轻轻分离组织，用一洁净盖玻片的一端与待检样品的水滴边缘接触，然后缓慢放入盖玻片，覆盖整个样品，然后放于低倍显微镜下观察。压片时注意不要出现气泡。主要用于检查水生动物鳃丝、鳞片或病灶组织。

组织涂片：用弯头镊子刮取少许黏液，放在滴有无菌蒸馏水的载玻片上，涂抹均匀，或用弯头镊子和剪刀取组织器官少部分，用剪刀切面压印载玻片上，制成涂片，干燥后染色，显微镜下观察。主要用于细菌性病原检查。

组织切片：取组织材料进行固定、脱水、包埋、透明、切片、脱蜡、染色等，显微镜观察组织病变情况。

**（四）注意事项**

1. 解剖时，操作小心，避免把器官外壁弄破，导致病原体迁移，无法确定病原体寄生部位，影响诊断。

2. 不同组织器官，或不同患病个体，不宜共用解剖工具。

3. 解剖，以检查肠道为主，从鱼体一侧沿肛门处向头部斜上方剪开腹腔部分，首先观察是否有腹腔积水和肉眼可见的寄生虫（如线虫、绦虫等）。其次观察鱼体内脏颜色、形状、大小是否正常，然后用剪刀剪断靠咽喉部位的前肠和靠肛门部位的后肠，取出内脏，置于盘中，把各器官逐个分开，并轻轻去掉肠道中的粪便，进行观察。一般肠道中的大型寄生虫容易看到，如细菌性肠炎则表现为肠壁充血、发炎；而寄生性的球虫病、孢子虫病则表现为在肠的内壁有许多小白点。

### 三、水体或饲料分析

如怀疑是中毒或营养不良引起的疾病，水产技术人员采集养殖水体和饲料，送往具有检测资质的检测部门进行养殖水体常规水质指标检查、饲料营养成分和重金属等有毒有害物质检测分析等有关检测，为进一步诊断提供依据。

### 四、确诊

根据现场调查和检查结果，结合疾病流行规律，找出病因，确定病害种类和治疗方案，对症下药。如病理症状不明显，病害难以确诊的，可保存好样本，送往相关实验室做进一步检查。

图书在版编目（ＣＩＰ）数据

淡水鱼标准化养殖操作手册 / 王冬武，何志刚编著. --长沙 ： 湖南
科学技术出版社，2017.10
（畜禽标准化生产流程管理丛书）
ISBN 978-7-5357-9297-6

Ⅰ．①淡… Ⅱ．①王… ②何… Ⅲ．①淡水鱼类－鱼类
养殖－标准化－技术手册 Ⅳ．①S965.1-65

中国版本图书馆 CIP 数据核字(2017)第 137710 号

DANSHUIYU BIAOZHUNHUA YANGZHI CAOZUO SHOUCE
畜禽标准化生产流程管理丛书
淡水鱼标准化养殖操作手册

主　　编：王冬武 何志刚
责任编辑：李　丹
出版发行：湖南科学技术出版社
社　　址：长沙市湘雅路 276 号
　　　　　http://www.hnstp.com
邮购联系：本社直销科　0731 - 84375808
印　　刷：湖南省汇昌印务有限公司
　　　　　（印装质量问题请直接与本厂联系）
厂　　址：长沙市开福区东风路福乐巷 45 号
邮　　编：410003
版　　次：2017 年 10 月第 1 版第 1 次
开　　本：710mm×1000mm　1/16
印　　张：12
书　　号：ISBN 978-7-5357-9297-6
定　　价：30.00 元